"岗课赛证"融通课程教材

景观设计初步

（第三版）

主 编　刘　娜　舒　望

副主编　游洪建　胡晓曦　周弘晔　闻治江

参　编　包治军　黄文怡　杨　亚　林　立
　　　　彭　飞　尚　悦

华中科技大学出版社
http://press.hust.edu.cn
中国·武汉

内 容 简 介

　　本书作为艺术设计专业的规划教材，以培养高级应用型、复合型艺术人才为目的，理论以"必需、够用"为度，做到理论结合实践，图例丰富，通俗易懂，注重知识与技能的结合，拓宽读者的视野。

　　本书以普及园林景观基础知识、改善生活环境为目的，按照相关政策、指导性文件及紧缺人才培养指导方案的要求和中国园林景观设计专业委员会的相关文件精神组织编写，是为满足高职高专园林景观设计专业学生学习的需要而编写的教材。

图书在版编目(CIP)数据

景观设计初步/刘娜,舒望主编. —3 版. —武汉：华中科技大学出版社,2024.4
ISBN 978-7-5772-0701-8

Ⅰ.①景…　Ⅱ.①刘…　②舒…　Ⅲ.①景观设计-高等学校-教材　Ⅳ.①TU986.2

中国国家版本馆 CIP 数据核字(2024)第 061457 号

景观设计初步(第三版)

刘娜　舒望　主编

Jingguan Sheji Chubu (Di-san Ban)

策划编辑：彭中军
责任编辑：彭中军
封面设计：孢　子
责任监印：朱　玢
出版发行：华中科技大学出版社(中国·武汉)　　　电话：(027)81321913
　　　　　武汉市东湖新技术开发区华工科技园　　　邮编：430223
录　　排：武汉创易图文工作室
印　　刷：武汉市洪林印务有限公司
开　　本：787 mm×1092 mm　1/16
印　　张：10
字　　数：256 千字
版　　次：2024 年 4 月第 3 版第 1 次印刷
定　　价：69.00 元

作者简介
Introduction of authors

刘娜,女,教授;国家职业教育在线精品课程负责人,四川城市职业学院城市建设与设计学院院长;二级建造师,高级景观设计师、二级花卉园艺师,"双师型"教师,中国建筑学会非遗委员会成员,四川省大学生创新创业中心专家库专家成员。长期从事庭院景观、康复景观、社区景观、乡村振兴旅游景观等项目的研究和教学。在工作中以黄炎培职业教育思想为标准,教学经验丰富,致力于艺术设计教育、大学生创新创业教育研究,多年来立项省级教研教改项目和课题 20 余项,教学成果突出。获评川渝首届"双城杯"黄炎培职业教育奖杰出教师;2018年荣获"四川教师风采"典型代表称号。带领学生参加设计类专业省级、国家级大赛,荣获多项大奖;指导教师参加四川省教师类各类别教学能力大赛,成绩斐然,屡获嘉誉。

舒望,男,副教授;四川文化传媒职业学院设计与传媒艺术学院院长。长期从事艺术设计教育教学与研究工作。主持、参与包括"高校环境艺术设计专业教育与地方新农村建设的结合研究""特驱集团农业旅游地产项目开发与艺术创意产业的融合"等 12 项各级课题研究,在国内外权威学术期刊发表包括《民间美术造型和色彩在现代美术设计中的运用》《低碳理念下的城市园林景观设计》在内的学术论文 20 余篇,拥有包括"一种环境艺术设计用绘画辅助装置"在内的授权发明专利 9 项。具有丰富的社会项目经验,主持、参与包括四川斜源共享小镇文化景观设计在内的大型综合设计项目 50 余次。

前言
Preface

　　园林景观设计师是一个适应时代要求而逐步扩大的职业群体。随着科技的进步,城市更新、乡村振兴发展,景观新工艺、新技术、新规范、新标准不断涌现,景观形态的多样化、专业化、职业化逐渐成为工业化以来现代景观发展的新趋势。消费需求和社会分工的变化使得园林景观专业逐渐呈现新的格局,也使园林景观设计的市场需求越来越大。景观设计古已有之,我国自古以来就很重视园林景观艺术设计,明清时代曾达到园林景观艺术设计的高峰。但园林景观设计作为独立的、服务于大众的社会性产业则产生于现代,是生产力发展和生活质量提高到一定水平的产物,也是人们的精神需求和文化消费水平提高的产物。

　　本书的作者均为具有多年景观设计教学经验和项目设计工作经验的"双师型"教师。本书编写分工如下:基础认知由刘娜、舒望编写,项目一由周弘晔、胡晓曦编写,项目二由包治军、尚悦编写,项目三由林立编写,项目四由刘娜编写,项目五由杨亚、彭飞编写,项目六由舒望、周弘晔编写,拓展认知由杨亚、黄文怡编写,案例赏析由周弘晔编写。本书对中国传统庭院的传承保护、工匠精神的继承创新、民族创造精神的发扬等思政育人元素的选用由"大国工匠"游洪建统筹,全书由刘娜统稿。

　　本书在编写过程中受到了四川城市职业学院、力方数字科技集团有限公司成都分公司、成都大象景观设计有限公司、四川省城市建筑设计研究院等单位领导的高度重视和深切关怀,并得到四川省景观专业学术带头人罗谦教授等专家的指导。感谢华中科技大学出版社的彭中军编辑为本书的顺利出版所做的工作。

　　需要特别说明的是,本书在编写过程中参考、引用了相关学者的著述和国内外优秀图片,在此向相关作者表示衷心的感谢。

　　由于编者水平有限,书中难免会出现疏漏、不足之处,恳请读者批评指正。

编　者

目录
Contents

基础认知
园林景观基础

教学要求

通过学习本章内容,读者可以掌握园林景观的概念和内容。通过知识点的学习和图片欣赏,读者可以认识传统园林景观中东方园林和西方园林的特点和区别。在掌握传统园林知识的基础上,读者要重点学习和掌握现代风景园林的概念和释义,了解风景园林的渊源及现代园林景观学研究的内容和范围。

另外,读者通过对现代园林景观理论的具体了解和分析,可以掌握现代园林景观的特点。同时,读者通过对现代园林景观学科发展的认识,可以了解国内外对风景园林学科的范畴主张,认清风景园林师的职业特点与使命,从而为成为一名优秀的风景园林师奠定基础。

能力目标

1.准确掌握园林景观的概念和内容。

2.准确区分东方园林和西方园林。

3.准确掌握现代园林景观的概念和研究的范围。

4.准确区分现代园林景观和传统园林景观。

5.掌握现代园林景观和其他相关学科的关系。

知识目标

1.掌握园林景观的概念和内容。

2.掌握传统东方园林景观的概念和内容。

3.掌握现代园林景观的概念和内容。

4.掌握现代园林景观和传统园林景观的区别。

5.掌握现代风景园林师的职业使命。

6.掌握传统西方园林景观的概念和内容。

7.掌握现代园林景观的学科体系。

8.掌握现代园林景观与其他学科的关系。

素质目标

1.加强读者对园林景观的认识。

2.增强读者对园林景观规划设计的可持续性发展意识。

3.加强读者对风景园林师职业使命的认识。

4.培养读者的创新意识和敬业精神。

传统意义的园林景观学起源很早,无论是在东方还是在西方,都可以追溯到公元前16—公元前11世纪,在这一漫长的历史发展进程中,园林景观学所涉及的内容发生很大变化,从总体来看,它不仅与文化、艺术、心理学相关,而且与环境生态学、重力学、植物学、地理学、建筑学、社会经济学等相关。随着时代的发展,这门具有悠久历史的造园学科,正在扩大其研究领域,向着更具综合性的方向发展,在协调人与自然、人与建筑的相互关系等方面扮演日益重要的角色。在历史上,园林景观学研究的范围很广阔。

任务1　园林景观概述

一、传统园林释义

在相关文献中,有许多与园林景观学相关的名词,如景园、景园学、景园建筑、景园建筑学、景观、风景、风景园林、造园、园林及 landscape architecture(风景园林之意)等。

(一)中国传统园林释义

园林,在古代中国也称为园、圃、苑、园亭、庭园、园池、山池、池馆、别业、山庄等。在明朝计成撰写的世界第一部造园专著《园冶》中曾用到"园林"一词。中国园林史上最早记载的园林形式是悬圃,与中国古代神话中的瑶池一起在古代民间广为流传。随着生产力的发展,早期的园林在不断地发展与变化。中国早期的园林形式主要有园、圃、囿、苑、台、榭等几种形式。

1. 园和圃

《说文解字》将园和圃解释为农业上栽培果蔬树木的场所。这样的园不是真正的园林,但在客观上是园林的雏形,栽培果蔬的目的是生产。

2. 囿与苑

囿是中国古代帝王和贵族进行狩猎、游乐活动的园林场所,通常筑有界垣。囿中草木鸟兽自然繁育。

苑和囿的意义一致,只是称谓不同而已,后苑与囿并称。它们最初都以动植物的生产为目的,进而发展成为以动植物观赏为主要游乐项目的休憩、狩猎场所。狩猎成为一种娱乐活动后,囿已经具备了园林的性质。囿如图1-1所示。

3. 台与榭

台是高而平的建筑物,早在夏、商、周时期,我国就有建台的历史。榭是一种借助周围景色而见长的园林休憩建筑,也可以理解为台上有房屋的建筑。许慎在《说文解字》中提道:"榭,台有屋也。"

台与榭常被连用,合称为台榭,用以统称建有屋室之台或者泛称各种建于高处的建筑。台榭除了具有观天象、通神明、军事功能外,还兼备古典园林赏景、娱乐的功能。古代台榭图如图1-2所示。

图 1-1　囿

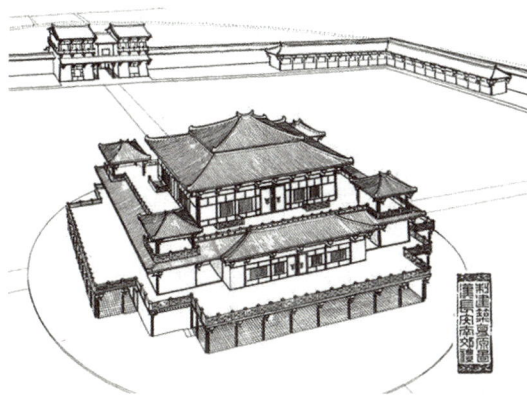

图 1-2　古代台榭图

（二）西方传统园林释义

《圣经》中关于园林的描述,是西方关于园林最早的记录。虽然是传说,但是它与中国早期的园林一样,也是一种祈求优美宜人的自然生存环境的愿望。同时,记录中描述的园中的果蔬也体现西方传统园林具有生产的功能。

西方另一个与园林相关的词是"园艺"。古罗马时期,人们获得了城郊的小块地产后,将属于自己的这些地圈起来,种植蔬菜、果树、花草。这不同于农业,农业是对大块土地的耕作,而园艺是对小块土地的耕作。

综上所述,西方园林的最初含义也是一种有树木、水系,并具有一定实用价值的、优美的自然或人工环境。这与中国传统园林的含义是一致的。

（三）传统园林的含义

无论东方还是西方,对传统园林含义的理解是相同或是相近的。由此,传统园林可作此解释:园林是人们根据所处的自然环境、文化环境以及所掌握的技术,通过利用、改造自然山水、地貌,或者运用植物、山、石、水、建筑、雕塑等园林要素进行人工构筑,从而形成的一个风景优美、清幽宜人的环境,可以让人畅达心胸、抒发情怀,便于休憩、居住或者工作,同时还可以开展一些生产和宗教活动。传统园林的代表之一苏州拙政园如图 1-3 和图 1-4 所示。

图 1-3　苏州拙政园 1

图 1-4　苏州拙政园 2

二、现代风景园林释义

(一)现代风景园林溯源

1804 年,"architecte-paysagiste"(法语合成词,风景园林师)一词由法国风景园林师吉恩·玛丽·莫雷尔提出,而英文的"landscape architecture"一词则在吉尔伯特·迈森于 1824 年出版的《意大利大画家的风景园林》一书中出现,指意大利风景画中的建筑,并不代表任何职业。1899 年,美国风景园林师协会(American Society of Landscape Architecture, ASLA)成立。1900 年,美国哈佛大学设立世界上第一个完整的风景园林课程体系(landscape architecture)。1948 年,国际风景园林师联合会(International Federation of Landscape Architecture, IFLA)成立。由此,风景园林(landscape architecture)成为现代国际风景园林学科的通用名称。

中文的"风景"一词是指风光、景色,包括山水、树木等,是目所能及的自然景象。英文的"landscape"一词是指绘画或摄影作品中重现自然风光的片段,也指人的眼睛在一瞥中所见的广袤自然景象。

关于风景园林的这些名词性质、规模虽不完全一样,但它们所指的风景园林都具有一个共同的特点:在一定的地段范围内,利用并改造天然山水地貌或者人为地开辟山水地貌,结合植物的栽植和建筑的布置,从而构成一个供人观赏、游憩、居住的环境。典型的风景园林之一纽约中央公园如图 1-5 所示。

"园林"一词的概括性较强。从古诗词中出现的"园林"一词推知,园林既指人为的园、苑,又含有人对自然风景的改造,但不明确所指面积的大小和人造比重的多少。随着时代与社会的发展、环境科学的深入研究、西方园林概念的传入、客观需要的复杂化等,如今"园林"二字所涵盖的范围也在扩大,除一般的城市园林之外,还包括森林公园、风景名胜区、自然保护区、国家公园等供旅游、休息的大面积园林。在一定的地域,运用工程技术和艺术手段,通过改造地形(或进一步筑山、叠石、理水)、种植树木花草、营造建筑和布置园路等途径创作而成的美丽自然环境和游憩境域,就称为园林。

图 1-5　纽约中央公园(奥姆斯特德)

(二)现代园林景观学研究的内容及范围

现代园林景观所涉及的内容是相当广泛的,也曾有不少学者为其做过界定。《不列颠百科全书》将园林景观学研究的内容按照层次高低分为以下六类:庭院及景观设计、场地规划、土地规划、纲要规划、都市设计、环境规划。

任务 2　现代园林景观发展

园林景观环境是与时代同步发展的,具有明显的时代特征。现代城市的发展受到园林景观学所造就环境的影响,并以园林景观环境作为城市环境的衬托和背景。

园林景观同其他形式的艺术一样,具备地方性、民族性、时代性,是人创造的源于自然美的、又能够供人使用的空间环境。不同时代、不同民族、不同地域的园林景观被打上了不同的烙印。

从历史渊源来讲,现代园林景观同古代园林或景观有许多共同的因素,现代园林景观是对优秀的传统园林景观文化的继承和发展。

概括起来,现代园林景观具有以下特点。

(一)传统与现代的对话与交融

传统与现代永远是相对的概念,是密不可分的统一体,在园林景观的发展历程中,传统园林景观为现代园林景观提供了丰富的内涵和深层次的文化基础,现代园林景观又发展了传统园林景观的内容及功能。

(二)现代园林景观的开放性与公众性

同传统园林景观相比,现代园林景观更具开放性,强调为公众群体服务的观念。面向群体是现代园林景观的显著特点,如现代园林景观设计中的广场环境设计就是典型的例证之一。

(三)强调精神文化的现代园林景观

在节奏快、压力大的现代社会中,现代园林景观起到缓解精神压力的作用,被视为塑造城市形象、营造社区环境、提高文化品位的重要方面。

1. 同城市规划、环境规划相结合

现代园林景观规划已成为城市规划的一个重要组成部分,对城市总体环境建设起着举足轻重的作用,如城市中的景观系统规划、绿化系统规划等。对历史文化名城的保护,属于典型的园林景观规划设计。对更大范围的环境规划或风景名胜区规划来说,园林景观规划设计已经融入环境保护及旅游规划之中。

2. 面向资源开发与保护

现代园林景观设计中的另一大领域,不是具体的景观规划,而是把景观当作一种资源,如同森林、煤炭等自然资源一样。中国是风景园林旅游资源的大国,如何评价、保护、开发这些资源,是一项很重要的工作。从广义的角度来看,这种评价、保护、开发的研究实践与人居环境的研究实践联系在一起,是综合性的,不仅是建筑、规划、景园三个专业方面的内容,还包括社会学、哲学、地理、文化、生态等各方面的内容。

任务 3　园林景观的学科特点

学界对园林景观学科及风景园林师的解释差异较大,但经过 100 多年的发展,在国际上园林景观学科的内涵与范畴及风景园林师的职业范畴的界定已经比较明确。

一、园林景观的学科界定

1. 加拿大风景园林师协会对风景园林的界定

风景园林学是一门关于土地利用和管理的专业学科,涉及分析、设计、规划、管理和恢复等。为了使设计优秀且有革新意味,并能塑造富有吸引力的环境,风景园林师要熟练运用生态学、社会文化、经济和艺术等相关知识。公园、花园、城市广场、街道、邻里和社区环境构成了生活的重要部分,而它们的美丽与实用都是风景园林师精湛技艺的体现。

2. 欧洲风景园林院校理事会对风景园林的界定

风景园林的塑造包括在城市与乡村、地方与地区范围内从事的风景规划、管理和设计活动。它所关注的是基于当代福祉的景观及相关价值的保护与提升。

3. 美国风景园林师协会对风景园林师的界定

风景园林师是一种对自然及建成环境进行分析、规划、设计、管理和维护的职业。风景

园林师职业范围内的活动包括公共空间、商业及居住用地的场地规划、景观改造、城镇建设及历史保护等。在美国,风景园林设计师可以接受风景园林学的高等教育、职业训练和专业技能培训,并最终获得资格认证。

4. 中国注册风景园林师执业范围中对风景园林师的界定

风景园林师主要解决人们对自然的需求,肩负着促进人与自然协调发展的相关使命。其主要工作内容:保护自然——调查、评价、筛选能满足人类多种需求的自然资源和环境,设立并进行各种保护区和国家公园的规划;利用自然——在适合人类游玩欣赏、休息、健身或进行科学文化活动的自然环境中,设立并进行各种风景区和游憩地的规划设计;再现自然——在人类聚居的城镇和交通干线,建立并设计以再现自然为主导因素的各种公园绿地及由其形成的绿地。

二、国内外对风景园林学科的范畴主张

美国著名风景园林师奥姆斯特德将风景园林的职业范围概括为八大类型:①大型的城市公园;②公园道路或园路;③公园系统;④风景保护区;⑤郊外社区;⑥私人住宅庭院;⑦公共机构;⑧公共建筑场地。

中国景观规划设计学博士刘滨谊教授将景观建筑学(风景园林)概括为三个类型:①宏观景观规划设计(土地生态与资源评估规划、大地景观化、特殊性大尺度工程构筑的景观处理和风景名胜区与旅游规划);②中观景观规划设计(场地规划、城市设计等);③微观景观规划设计(花园、庭院、古典园林、街头绿地等)。

俞孔坚博士将景观设计学(风景园林)概括为两个类型:①景观规划(在较大尺度范围内,基于对自然和人文过程的认识,协调人与自然关系的过程,具体来说,是为某些使用目的安排最合适的地方和对特定地方进行最恰当的土地利用);②景观设计(对特定地方的设计)。

《中国大百科全书——建筑·园林·城市规划》将园林学(风景园林)领域确定为三类:①传统园林学;②城市绿化;③大地景物规划。

三、园林景观与建筑学、城市规划学的关系

景观设计学的产生和发展有着相当深厚和宽广的知识底蕴,如同哲学一样,它能体现人们对人与自然之间(或是人与地之间)关系的认识。景观设计学在艺术和技能方面的发展,一定程度上还得益于美术、建筑、城市规划、园艺及近年来兴起的环境设计等相关专业的带动。美术、建筑、城市规划、园艺等专业产生和发展得比较早。在早期,建筑与美术是融合在一起的,城市规划专业也是经过不断发展才和建筑专业逐渐分开的,尽管在中国这种分工体现得还不是十分明显。谈到园林景观设计学的产生首先有必要理清它和其他相近专业之间的关系,或者理清其他专业所解决的问题和景观设计所解决的问题之间的差异,这样才可能了解清楚景观设计专业产生的背景。

（一）建筑学

建筑活动是人类最早的改善生存条件的尝试。不同种族的人，在经历了上百万年的尝试、摸索之后，在这种尝试活动中积累了丰富的经验，为建筑学的诞生、人类的进步做出了巨大的贡献。

建筑的主持完成，一开始是由工匠或艺术家来负责的。在欧洲，随着城市的发展，这些工匠和艺术家完成了许多具有代表性的建筑，形成了不同风格的建筑流派。那时，由于城市规模较小，城市建设在某种意义上就是完成一定数量的建筑。建筑与城市规划是融合在一起的。工业化以后，由于环境问题的突显和第二次世界大战，人们开始对城市建设进行重新认识，如出现了霍华德的"花园城市"，法国建筑大师勒·柯布西埃的"阳光城市"和他主持完成的印度城市昌迪加尔（Chandigarh）。后来，建筑与城市规划逐渐相互分离，各自有所侧重，建筑师的主要职责范围就相应变窄，局限于设计具有特定功能的建筑物，如住宅、公共建筑、学校和工厂等。

（二）城市规划学

城市规划早期是和建筑结合在一起的，无论是欧洲还是亚洲国家，都有关于城市规划思想的发展，如比较原始的居民点选址和布局问题，中国的"体国经野"区域发展的观念和影响中国城市建设的"营国制度"。但现在，城市规划考虑的是为整个城市或区域的发展制订总体计划，它更偏向社会经济发展的层面。

景观设计学，严格意义上讲，其研究领域和实践范围界限不是十分明确，从定义上理解，它包括对土地和户外空间从人文艺术的角度进行科学理性的分析、规划设计、管理、保护和恢复。景观设计和其他规划职业之间有着显著的差异。景观设计要综合建筑设计、城市规划、城市设计、市政工程设计、环境设计等相关知识，并运用其创造出具有美学和实用价值的设计方案。

四、现代园林与传统园林的异同

现代园林发端于 1925 年的巴黎国际现代工艺美术展。20 世纪 30 年代末，由罗斯（J. Rose）、基利（D. Kiley）、埃克博（C. Eckbo）等人发起的"哈佛革命"，给了现代园林一次强有力的推动，并使之朝着适合时代精神的方向发展。第二次世界大战以后，一批现代景观设计大师大量进行理论探索与实践活动，使现代园林的内涵与外延都得到了极大的深化与扩展，并日趋多元化。现代风景园林在其产生与形成的过程中，与现代建筑的一个最大的不同之处是，现代风景园林在发生了革命性创新的同时，又保持了对古典园林明显的继承性。谈继承，就必须了解各主要古典园林类型的长处与短处，只有这样，才能弄清现代风景园林设计应怎样取长补短、开拓创新。

（一）造园理念

中国古典园林美学来源于道家学说，强调"师法自然"，讲求"虽由人作，宛自天开"。其组景和造景的手法之高超，在世界古典园林中已登峰造极。但由于受空间所限，中国古典园林喜好设置小景，偏爱雕琢细部，往往使得园林空间局促拥塞，变化烦冗琐碎。

日本园林更抽象和写意,更专注于永恒,尤其是枯山水,仅以石块象征山峦与岛屿,而避免使用会随时间推移产生枯荣与变化的植物和水体,以体现禅宗"向心而觉""梵我合一"的境界。其形态更为纯净,意境更加空灵,但往往居于一隅,空间局促,略显索漠冷落,寡无情趣。

法国园林,受以笛卡尔为代表的理性主义哲学的影响,推崇艺术高于自然,人工美高于自然美,讲究条理与比例、主从与秩序,更加注重整体,而不强调玩味细节,但因空间开阔,一览无余,意境显得不够深远;同时,人工斧凿痕迹过重。

英国自然风景式园林,造园指导思想来源于以培根和洛克为代表的"经验论",这一思想认为美是一种感性经验。总的来说,它排斥人为之物,强调保持自然的形态,肯特甚至认为"自然讨厌直线"。英国园林空间注重整体与大气,但由于它过于追求"天然般景色",往往源于自然却未必高于自然,又由于过于排斥人工痕迹,细部也较粗糙,园林空间略显空洞与单调。钱伯斯(W. Chambers)就曾批评它"与普通的旷野几无区别,完全粗俗地抄袭自然"。

由以上分析可知,古典园林无论中西,无论是强调"师法自然",还是"高于自然",其实质都是强调对自然的艺术处理。不同之处仅在于艺术处理的内容、手法和侧重点。可以说,各时期园林在风格上的差异,主要缘于不同的自然观,即园林美学中的自然观。现代园林在扬弃古典园林自然观的同时,又有自己新的拓展。

(二)功能定位

无论东方古典园林还是西方古典园林,其基本的功能定位都为观赏,服务对象都是以宫廷或贵族等为代表的极少数人,因此,园林的功能都围绕这一服务对象的日常活动与心理需求展开。这实际上是一种脱离大众的功能定位,同时也反映等级社会中园林功能的局限与单一。

随着现代生产力的飞速发展,更加开放的生活方式引发了人们不同的生理及心理需求。现代园林设计顺应这一趋势,在保持园林设计观赏性的同时,从环境心理学、行为学理论等科学的角度,来分析大众的多元需求和开放式空间中的种种行为现象,对现代园林进行了重新定位。总之,现代园林在功能定位上,不再局限于古典园林的单一模式,而是向微观上深化细化、宏观上多元化的方向发展。

(三)造景手法

中西各古典园林在景观的塑造上,表现出明显的地域模仿性,如中国的千山万水、英国的平冈浅阜等。现代园林一方面在很大程度上打破了地域的限制,另一方面又充分运用现代高新技术手段和全新的艺术处理手法,对传统要素的造景潜力进行了更深层次的开发与挖掘。

(四)现代技术的促进

新的技术,不仅能更加自如地再现自然美景,而且能创造出超自然的人间奇景。它不仅极大地改善了我们用来造景的方法与素材,还带来了新的美学观念——景观技术美学。

古典园林由于受技术所限,对景观的表现被限定在一定的高度上。典型的例子为凡尔赛宫的水景设计。虽然天文学家阿比·皮卡德(Abbe Picard)改进了传输装置,建造了一个储水系统,并用一个有14个轮子的巨型抽水机,把水抽到162 m高的山丘上的水渠中,造就了凡尔赛宫1 400个喷泉的壮丽水景。但凡尔赛宫的供水问题始终没有解决,喷泉不能全部开放。路易十四游园的时候,小童们跑在前面给喷泉放水,国王一过,就关上闸门,其水量之拮据,由此可见一斑。

相比之下,现代喷泉水景,不仅有效地解决了供水问题,而且体现出极高的技术集成度。它由分布式多层计算机监控系统进行远距离控制,具有通断、伺服、变频控制等功能,还可通过内嵌式微处理器或DMX控制器形成分层、扫描、旋转、渐变等数十种变化的基本造型,将水的动态美几乎发挥到极致,并由此引发出一大批动态景观。当然,现代高新技术对景观设计的影响远远不止于此,它最为重要的贡献是将一大批崭新的造园素材引入园林景观设计之中,从而使现代园林景观焕然一新。

无论古典园林还是现代景观,其设计灵感大都来源于自然,而自然的景观总是处在不断的变化之中,如季节的变换、草木的荣枯、河流的盈涸等,自然景观最美的一刻往往稍纵即逝。古典园林对此基本上只能顺其自然,现代景观设计则可利用众多的技术手段将之"定格"下来,以令"好景常在"。

(五)现代艺术思潮的影响

传统留给我们大量宝贵的艺术遗产,现代技术也给我们提供了众多崭新的艺术素材。如何运用它们,使之既符合时代精神,又具有现实意义,是景观艺术逻辑必须解决的问题。古典景观艺术逻辑造就了意大利台地园、法国广袤式园林、英国自然风景式园林的辉煌,现代景观艺术逻辑如果没有根本性创新,就不可能产生园林设计的全新演绎。现代派绘画与雕塑是现代艺术的母体,景观艺术也从中获得了无尽的灵感。20世纪初的现代艺术革命,从根本上突破了古典艺术的传统,从后印象派大师塞尚、凡·高、高更等人开始,诞生了一系列崭新的艺术形式(架上艺术),因此完成了从古典写实向现代抽象的内涵性转变。第二次世界大战以后,现代艺术又从架外艺术方向铺展开来。时至今日,其外延性扩张仍在不断地进行当中。

现代园林景观设计,极少受到单一艺术思潮的影响。正是因为受到多种艺术的交叉影响,现代园林景观呈现出日益复杂的多元风格。要想对这些风格进行明确的分类和归纳几乎是一件不可能的事情。但景观艺术的表现有一个共同的前提,那就是时代精神与人的不同需求。众多的艺术流派,提供了丰富的艺术表现手段,其本身也是时代文化发展的结果。在园林与景观设计领域,既没有产生如建筑等设计领域初期的狂热,又没有激情之后决绝的背弃,而始终是一种温和的参照。更高、更新的技术让景观艺术的风格表现更加彻底和不受局限。

任务4　风景园林师的职业与使命

一、风景园林师的职业

在美国、日本等发达国家,风景园林专业人员必须通过职业资格考试,考试合格者才能获得风景园林师职业资质。风景园林师资质注册考试制度的建立势在必行,这一制度是规范风景园林设计市场,提高设计、管理水平以及保持风景资源可持续发展的重要保证。要想成为一名合格的风景园林师,不仅需要了解专业知识,具备设计表达能力,还需要了解自然科学、人文科学、施工理论与法规等知识,并具备园林施工的实际操作能力。

二、中国风景园林师的职业使命

风景园林作为涉及生命科学、人文科学、环境科学、工程技术等的一门综合学科,在城市建设、环境保护等方面起到独特的作用。目前,我国的风景园林师肩负着以下使命。

(1)督促政府设立风景园林师注册考试制度,确立风景园林师的地位,端正风景园林设计市场秩序,以促进并维护风景园林规划设计的品质。

(2)督促政府完善相关的环境保护政策与法律,保障在重大的环境、市政、交通、水利等工程决策与建设中风景园林师的话语权。

(3)普及风景园林知识,让大众了解风景园林学科的重要性及风景园林师的作用,共同关注我们的整体人居环境。

(4)筹设完备的、与国际接轨的又具有中国特色的风景园林学科体系,加强理论与实践研究,推动风景园林师的终身教育体制的建设与完善,以提高我国风景园林师的职业水平。

思 考 练 习

1.园林景观学所研究的内容和范围是什么?

2.现代生产技术和材料对园林景观的影响和改变有哪些?

3.如何正确地对园林景观职业生涯进行规划?

项目一
园林景观风格特色

教学要求

    运用多媒体等手段,让读者了解和掌握中外园林景观不同时期、不同地域的代表作品;让读者了解园林景观文化发展的差异及东西方园林景观的异同;让读者掌握当代园林的发展趋势。

能力目标

    1.准确掌握东方园林景观的概念和内容。

    2.准确掌握西方各类型园林景观的概念和内容。

    3.准确理解当代园林的发展趋势。

知识目标

    1.掌握中国不同时期的园林景观和造园技巧。

    2.掌握日本不同时期的园林景观和造园技巧。

    3.掌握西方不同时期的园林景观和造园技巧。

    4.掌握近现代国际园林的发展动态。

素质目标

    1.培养读者的园林鉴赏能力。

    2.提高读者的资料收集能力及文字和语言表达能力。

    3.培养读者的团队协作能力。

    4.提升读者的专业思考创新能力。

任务 1　景观发展阶段探索

园林的形成与人类文明的进步密不可分,在不同的阶段,人类文明的进步对园林的发展起着积极的推动作用。

园林景观在漫长的发展进程中,由于受世界各地自然、地理、气候、人文、社会等多方面差异的影响,逐步形成了多种流派与风格,也形成了不同的类型与形式。园林的类别在各个历史时期有着不同的划分,从世界范围来看,主要有两大体系,即东方自然式园林和西方几何式园林。在东方,以中国古典园林为代表;在西方,则以法国古典主义园林为代表。

中西方园林风格的迥异,很大程度上缘于两大区域人们所信奉的哲学思想不同,以及由此形成的人们审美意识的区别。西方信奉"天人对立",崇尚改造自然的思想,在线条的运用上崇奉直线,以直线几何图案为美,因此在西方的造园活动中,几何化的规整构图是其必然的艺术表现形式。中国则信奉"天人合一"、顺其自然的哲学思想,在线条的运用中崇尚自然美,认为只有变化才能反映出自然界中不规则的美,因而在中国园林的艺术表现上,常以迂回曲折且变化的线条来表现自然的美感。

不管是东方(中国)还是西方,不同风格的古典园林都有以下共同点:为封闭的、内向型的;直接为少数统治阶级服务,或者归他们所私有;以追求视觉景观之美和精神陶冶为目的,并非自觉地体现社会和环境的效益。

如今,公共场所的出现让现代园林景观艺术直接呈现在社会大众面前。虽然景观仍是人们为了追求精神上的满足而修建的休憩之地,但新时期的景观与古典园林有了很大差别。首先,造园师所服务的对象从王公贵族转向社会大众,这意味着他们需要探索符合大众审美情趣的设计体系,而非只为少数人的喜好而创作。其次,园林景观不再是一群单独的、毫无关联的小块绿地。随着城市化发展,各种环境问题日益突出,在有限的绿地建设中,城市公园作为城市开放空间系统中的重要组成部分,对城市的空间、环境、生活等各方面的品质都起着举足轻重甚至决定性的作用。一个城市的公园状况直接影响并决定着这个城市的品位和环境质量。园林景观建设是解决城市发展与环境保护之间的矛盾的有效办法。最后,景观的建设成了一种价值观的体现,建筑与景观的巧妙结合是设计与创意的中心体现,现代的景观大多能给人以启迪,引导人们在价值取向、生活方式上做一些更健康的尝试。

21世纪的景观学科将更全面地整合为一门以保护生存空间为前提,满足人类的知觉心理和生理健康发展要求的艺术性技术,它还将成为一门具有人文精神的生态技术。它的目标是实现自然价值和人文价值的共融和发展。它将在以信息化、智能化、生物化为特征的实践的基础上,完善和发展设计理论体系,创造出生态文化。

任务 2　中国园林景观风格探索

一、中国古典园林发展简史

（一）商周时期园林

我国有文字记载的历史约有 5 000 年。历史记载的最早的园林是 3 600 年前商周之际的囿猎园。《诗经》中不少篇幅描绘了山川植物的美丽，并有了园林的概念——栽培农林作物的场所。由此可见，中国园林的起步离不开园囿、猎园的推动，其中猎园更被注重游乐的奴隶主阶层所重视。现代园林界多以囿为中国园林之根。商周时有"灵台"用以观天象，有"时台"用以观四时，有"囿台"用以观走兽鱼鳖。商周时期园林无明显轴线，以自然山水为主要欣赏对象，并被沿袭至今。中国园林的优良传统便是由此起始的。

商时有鹿台，方圆三里，高千尺，"七年而成"，可"临望云雨"，是历史上的名台。到周朝，园林和城市规划已有了相当大的发展，各自具有鲜明的特色。到战国时期，《周礼·考工记》中已经对城池的规格、模式做了严格规定，要求城池规整平直，而当时的园林并未受其影响，园林中木结构建筑已具有较高的水准。东方园林中建筑易于与自然融合而非对立，很大程度上是由于木结构框架体系通透性强、体量精巧。在中国园林发展后期建筑密度过大的情况下，木结构建筑也并不让人感到过于压抑。

（二）秦朝宫苑

秦始皇统一中国，建立了前所未有的庞大帝国，为便于控制各地局势而大修道路（道旁每隔 8 m 植松，有人称之为中国最早的行道树），将各国贵族带到了咸阳。顿时，咸阳周围宫室林立，渭南上林苑中仅阿房宫便"覆压三百余里"。同时被带到秦国的还有各地的建筑风格。

秦咸阳地区宫苑分布如图 2-1 所示。

（三）汉朝宫苑

汉朝宫苑继承了秦朝宫苑宏大壮丽的特点，其著名的上林苑就是利用秦之旧址翻建而成的。和商周的囿一样，汉朝的苑力图创造一个包罗万象、生机勃勃的世界。

因景色需要，汉朝苑囿各建筑不再完全追求对称而开始有高低错落，是苑中有宫、宫中有苑的复杂综合体。汉朝私园也得到很大发展，名臣曹参、霍光均有私园，梁王刘武之园"延亘数十里"。至东汉，梁冀在洛阳筑园时，园景模仿附近嵩山景色。由模仿仙山过渡到临摹自然景色，这对后世造园起了积极的引导作用。

（四）魏晋南北朝园林

魏晋南北朝时期，园林的发展趋势有了重大转变，人们开始推崇自然之美，不再向往高

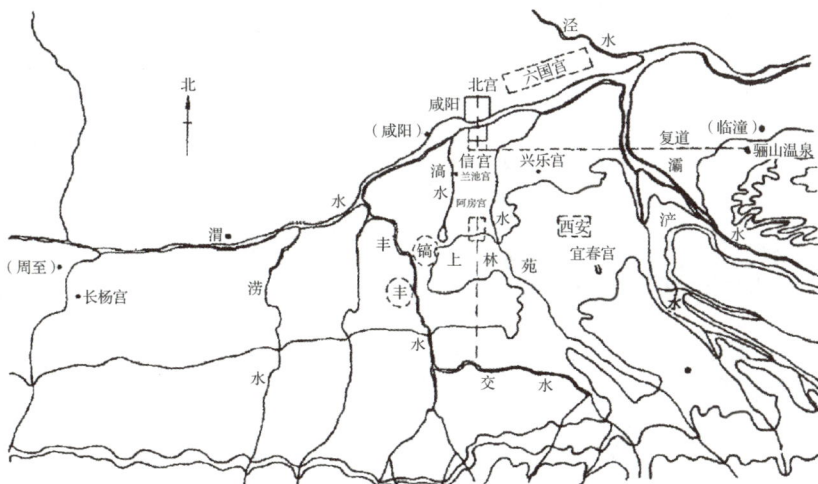

图 2-1　秦咸阳地区宫苑分布

台巨宫,这种趋向变化被证明是正确的,这也许是战争给予人们的一种补偿。这一时期,人们在新路上摸索着,自然山水的壮丽激励着他们更深入地去探索。无论在艺术还是技术上,魏晋南北朝都为写意山水园的产生创造了条件。

(五)隋唐五代和两宋时期的写意山水园

隋朝著名的西苑为隋炀帝所建,苑中有十六院,每院以水渠贯穿和分隔,摒弃了以建筑穿插的方式,从而避免了密度过大的问题。苑中各院如同一幅幅连续的图画逐一展开,沿水流、地形有高低变化。

唐朝是中国历史上最为辉煌的时代。唐朝政治清明,物产丰富,为宫殿庭园的修建提供了可靠的保障。唐朝人不再仅仅满足于对自然的歌颂和亦步亦趋的模仿,开始追求超越自然。他们细心观察高山的巍峨险峻、流水的回环跌宕、鲜花的芬芳雅洁、绿树的青翠挺拔,将其精华提炼后布置在一块相对较小的园地中。唐朝园林最重要的特点是文人学士积极参与,这些文人学士代表着当时最高的文化阶层,他们的园林构想是统治者、方士和匠师难以比拟的。

唐朝山水园一般在自然风景区或城市附近营造而成,在自然风景区中的山水园成就尤为显著,为后世所推崇。著名的例子有王维的辋川别业、白居易的庐山草堂及唐朝长安附近的曲江池。王维辋川别业里的竹里馆如图 2-2 所示,空寂之中可见禅宗风骨。

宋朝建筑在唐朝的基础上有了改进和发展,并对唐朝建筑给予了理论上的总结。《营造法式》介绍了各式建筑的做法,是影响广泛的建筑学著作经典之一。宋朝建筑已开始追求纤巧秀丽,以模数衡量建筑,使建筑有比例地形成了一个整体,组合灵活,拆换方便。这些特点也部分体现在宋朝园林中。宋朝园林成就首推寿山艮岳,其平面布置如图 2-3 所示。

中国写意山水园的组成素材在宋朝已得到较好发展,宋朝园林值得我们为之骄傲,园林艺术的博大精深在宋朝被发挥到了极致。

图 2-2　竹里馆

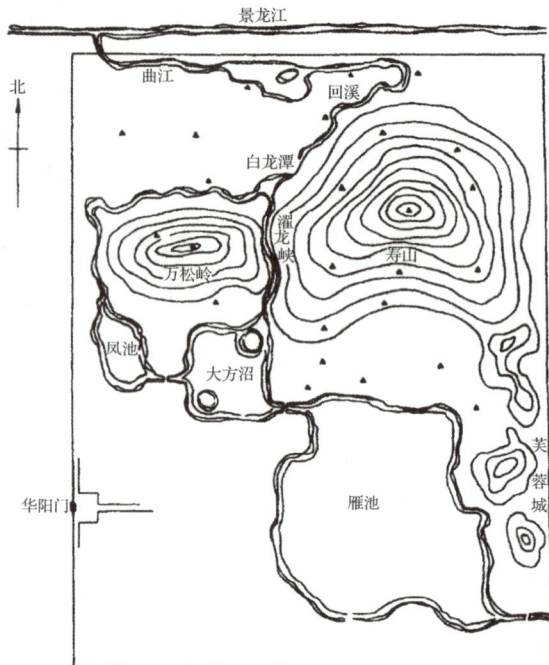

图 2-3　寿山艮岳平面布置图

（六）元明清时期园林

元明清时期离我们最近,园林保存最多,给我们留下了古代造园的实例。元明清时期视继承重于创新,尽管小的改革并不曾停顿,大的风格上的突破却再难见到了。元明清时期园林只是宋朝园林的简单延续,没有保持住高速发展的势头。由此开始,中国园林发展变得缓慢,但也形成了独特的风格。

明清已是封建社会逐渐没落衰亡的时期,政治上的守旧导致了文化发展的停滞:文学上没有唐诗的博大雄浑和宋词的清新精巧;绘画上师承古人,越来越为宋朝山水画的形式所局限,且门派越来越鲜明,使得作品风格单一。所有这些对园林造成了消极影响,使之只能在唐宋文人写意山水园的基础上缓慢发展。虽然西洋画派和造园学者也曾在统治者面前展示新的艺术形式,但当时的社会如同一个垂暮老人,已难以消化接受新鲜事物了。

北海由辽代的瑶屿、金朝的金海和以后各朝的太液池演变而来,为北京最早的园林。

颐和园、圆明园和承德避暑山庄均是清朝修建的具有行宫性质的皇家园林。这些皇家园林靠近正门的地方均为宫区,宫区之后是开阔的水面。江南名胜频繁地"再现"于这些皇家园林中,大到仿西湖而设颐和园西堤,小到几块山石原样摹写或原物照搬。例如,长寿园狮子林(见图 2-4)仿苏州狮子林而建;圆明园曲院风荷仿西湖曲院风荷而设。

被誉为"万园之园"的圆明园(见图 2-5 和图 2-6),类似隋朝西苑,是以水为特点的山水建筑式宫苑。园中景观九州清晏紧接宫区,方形大湖四周分布着九块陆洲,取九州大地清平安定之意,九州景区后是寺庙、书阁等特殊功能建筑和水体无中心组合的自然布置,再之后是以福海为中心的江南名园仿制区,最后是乡村景物区。圆明园是以人工造景为主、兼有南北之长的范例,在皇家园林中有其独到之处。

图 2-4　长春园狮子林

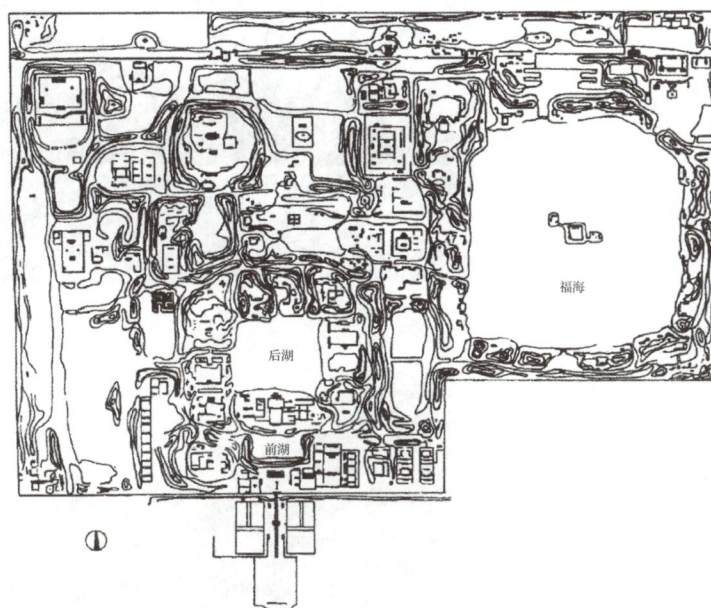

图 2-5　圆明园平面图

图 2-6　圆明园遗址

颐和园(见图 2-7 和图 2-8)是在金朝金山、明朝瓮山的基础上发展起来的。逾 2 000 000 m² 的水面与万寿山形成了强烈对照,万寿山南坡 930 m 的长廊与排云殿、佛香阁、智慧海的纵向轴线也形成了对比。各个景区和景点的创作更是精致多样,是北京皇家园林中的经典之作。

承德避暑山庄(见图 2-9 和图 2-10)也是清朝开始修建的,它的布局较颐和园而言更为分散。整个山庄分为行宫区、湖洲区、草原区、山岭区四部分,以山为主,以水为辅,水面分散而不集中。各景点因地制宜,有塞北江南之称。

图 2-7　颐和园平面图

图 2-8　颐和园景色

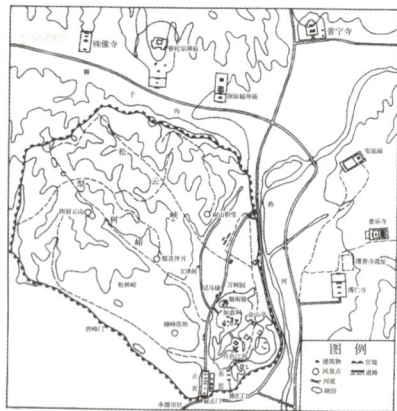

图 2-9　承德避暑山庄平面图

图 2-10　承德避暑山庄雪景

相对而言,江南私家园林由于多在喧闹的城市里,注重的是与外界隔绝,采用抽象、精练、朴素的风格,创造出内向的曲折多变的空间,极大丰富了中国文化的内涵,成为皇家园林和其他园林类型的模仿对象。苏州园林(见图 2-11)是典型的江南私家园林。

苏州自然条件优越,历史悠久,经济发达,文风兴盛,园林的艺术性和技术性在全国最为著名。极具代表性的苏州园林有拙政园(见图 2-12 和图 2-13)、留园(见图 2-14 和图 2-15)、狮子林、沧浪亭等。

　　拙政园的精华在于中、西两园。由中园的腰门入园,首先要经过长而窄的通道,门内是一个作为障景的假山。穿过狭窄黑暗的山洞,来到宽敞明亮的远香堂前,中园景观横向展开。西园和中园有墙相隔,西园墙边土山上可望两园景色。水流呈带状"之"字形,形成两条纵长幽深的透景线。全园做到了变化与统一相结合,步移景异,是苏州园林的代表作之一。

图 2-11　苏州园林

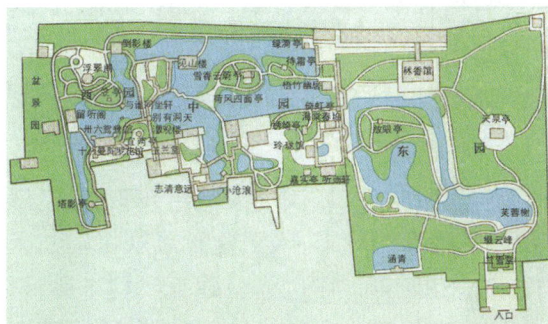

图 2-12　拙政园平面图

图 2-13　拙政园风景

图 2-14　苏州留园 1

图 2-15　苏州留园 2

北方私家园林和同期的寺观园林、风景区也得到了一定的发展。清朝园林总体上发展不大,虽也吸收采用了西方的先进工艺或元素,如喷泉、彩色玻璃等,但未能探究其本质的东西并加以消化。我们今天提倡的民族化不是一个空洞的概念,而是更为迫切地要求我们汲取世界园林的艺术成就和科技成果,紧紧地和民族传统结合起来。元明清时期园林为我们了解民族传统提供了极大的帮助。

二、中国古典园林的特点

(一)源于自然,高于自然

中国古典园林是以自然山水为基础、以植被为装点的,而山水植被是构成自然风景的基本要素。中国古典园林绝非简单地利用或模仿这些构景要素的原始状态,而是有意识地加以改造、调整、加工和剪裁,从而展现一个精练、概括、典型化的自然。

(二)具有诗情画意

诗情画意是中国古典园林的精髓,也是造园艺术所追求的最高境界。园林艺术的精髓,在于所创造出来的意境,这也是中国古典园林的最本质特征。中国园林又被称为"文人园",通常与一些诗文、书画、楹联相结合,以增添园林的诗情画意。园林意境,指通过构思创作,表现出园林景观形象化、典型化的自然环境及其显露出来的思想意蕴。它不像花草树木一样实际存在,而是一种言外之意、弦外之音,能让人回味无穷,遐想联翩。(见图2-16)

(三)建筑与自然相融合

早在秦汉时期,人们就已经将物质生活需求与对自然的精神审美需求结合起来,在自然山水中大规模地建造离宫别馆和亭台楼阁了。经过千百年的积累,人工建筑景观将自然山水点染得更富有中国民族特色和民族精神,具有锦上添花之妙。中国园林建筑类型丰富,有殿、堂、厅、馆、轩、榭、亭、台、楼、阁、廊、桥等,以及它们的各种组合形式,不论其性质与功能如何,其都能与山水、树木有机结合,协调一致,互相映衬、互相渗透、互相借取。有的建筑能成为园林景观的主体,成为构图中心,有的建筑对自然风景起画龙点睛的作用。(见图2-17)

图2-16　园林的诗情画意

图2-17　建筑与自然的融合

（四）体现意境的蕴含

造园家把自己的感情、理念熔铸于客观生活、景物之中，从而引发鉴赏者的情感共鸣和理念联想。意境的体现蕴含深广，表达方式有三种：一是借助人工叠山理水，把广阔的大自然山水风景缩移、模拟于咫尺之间；二是预先设定一个意境的主题，然后借助水、艺术、花木、建筑所构筑成的物境把这个主题表述出来，从而传达给鉴赏者以意境的信息；三是意境并非预先设定，而是在园林建成之后再根据现成物境的特征加以文字"点题"——景题、匾、联、刻石等。

（五）天然石材的使用

叠山是园林内使用天然石块堆筑为石山的特殊技艺。置石是选择整块的天然石头陈设在室外作为观赏对象的做法。峰石指用作置石的单块石头，不仅具有优美奇特的造型，而且能够引起人们对大山、高峰的联想。

（六）园林的植物配置

园林植物务求在姿态和线条方面既显示自然天成之美，又显示绘画的意趣。园林设计中选择树木花卉受文人画所标榜的古、奇、雅格调的影响。

三、中国古典园林的分类

（一）按园林基址的选择和开发方式分为人工山水园和天然山水园

（1）人工山水园是中国造园发展到完全自觉创造阶段而出现的审美境界较高的一类园林。这类园林均修建在平坦地带，尤以城镇内居多，在城镇的建筑环境里面创造模拟天然野趣的小环境，犹如点点绿洲，故也称为"城市山林"。

（2）天然山水园一般建在城镇近郊或远郊的山野风景地带，包括山水园、山地园和水景园等。兴造天然山水园的关键在于选择基址。如果选址恰当，则能以少量的花费获得远胜于人工山水园的天然风景之真趣。

（二）按占有者身份、隶属关系分为皇家园林、私家园林和寺观园林

（1）皇家园林是专供帝王休息享乐的园林。皇家园林特点是规模宏大，真山真水较多，园中建筑色彩明亮、富丽堂皇，建筑体型高大。现存著名皇家园林有北京的颐和园、北海公园，河北的承德避暑山庄等。皇家园林为皇帝个人和皇室所私有。

（2）私家园林是供皇家宗室、王公官吏、富商等休闲的园林。其特点是规模较小，常用假山假石，建筑小巧玲珑，色彩淡雅素净。现存的私家园林有北京的恭王府，苏州的拙政园、留园、网师园，上海的豫园等。私家园林为民间的贵族、官僚、缙绅所私有。

（3）寺观园林是佛寺和道观的附属园林，也包括寺观内部庭园和外围地段的园林化

环境。

（三）按园林所处地理位置分为北方园林、江南园林和岭南园林

（1）北方园林一般地域宽广，建筑富丽堂皇，因受自然气象条件局限，河川湖泊、园石和常绿树木都较少，所以秀丽媚美显得不足。北方园林大多集中于北京、西安、洛阳、开封等地。

（2）江南园林地域范围小，河湖、园石、常绿树较多，景致较细腻精美，风格特点是明媚秀丽、淡雅朴素、曲折幽深，有层次感，但毕竟面积小，略显局促。江南园林大多集中于南京、上海、无锡、苏州、杭州、扬州等地。

（3）岭南大部分地区处亚热带，终年常绿，又多河川，所以造园条件比北方、江南都好。岭南园林的特点是具有热带风光，园林建筑较高、较宽敞。现存岭南园林有著名的广东顺德清晖园、东莞可园等。

中国古典园林还有巴蜀园林、西域园林等。中国古典园林对东西方园林的一些共有的设计理念有着自己的处理手段，在融合了自身的历史、人文、地理特点后，也表现出一些独到之处。

四、中国古典园林的组成要素

任何事物的构成都有一定的要素，中国的园林也不例外。总的来说，中国古典园林由六大要素构成，即筑山、理池、动植物、建筑、匾额及楹联与刻石。

为了表现自然，筑山是造园常用的手法，也是造园的重要构成之一。秦汉上林苑，用太液池所挖之土堆成山，象征东海神山，开创了人为造山的先例，表现了对仙境的向往。在园中累土构石为山，转向对自然山水的模仿，标志着造园艺术开始以现实生活作为创作起点。这种写意式的筑山，是自然主义模仿进化的产物。现存的苏州拙政园太湖石（见图 2-18）、上海的豫园假山（见图 2-19）都是明清时代园林筑山的佳作。

图 2-18　拙政园太湖石

图 2-19　上海豫园假山

不论哪一种类型的园林,水都是其中最富有生气的要素,无水不活,因此,园林一定要凿池引水。自然式园林多以表现静态的水景(见图2-20)为主,以表现水面平静如镜、烟波浩渺或寂静深远的境界取胜。古代园林的理水方法一般有掩、隔、破三种。掩就是以建筑和绿化,将曲折的池岸加以掩映。对于临水建筑,除主要厅堂前的平台外,为突出建筑的地位,不论亭、廊、阁、榭,皆前部架空挑出水面,水自其下流出,用以打破岸边的视线局限;或临水布蒲苇岸,使杂木迷离,造成池水无边的视觉印象。隔是指筑堤横断于水面,或有隔水浮廊可渡,或架曲折石板小桥,或设涉水池点以步石。正如《园冶》中所记载,"疏水若为无尽,断处通桥"。如此则可增加景深和空间层次,使水面有幽深之感。破是在水面很小时,如曲溪绝涧、清泉小池,可用乱石为岸,并配以细竹野藤、朱鱼翠藻,可令人感受到山野风致。

植物是园林的另一个重要的因素。花木有如山峦之发,水景如果离开了花木也没有美感。自然式园林着意表现自然美,对花木的选择也很严格。一讲姿美,树冠的形态,树枝的疏密曲直,树皮的质感,树、叶的形状,都追求自然优美。二讲色美,树叶、树干、花都要求有自然的色彩美,如红色的枫叶、青翠的竹叶、斑驳的狼榆、白色的广玉兰、紫色的紫薇等,力求一年四季园中自然之色不衰不减。三讲味香,香味不可过浓,有娇柔之嫌,也不可过淡,有意犹难尽之妨;要求植物自然淡雅和清幽,四季常有绿,月月有花香。四讲境界,花木对园林山石景观有衬托作用,还和园主的精神境界有关。例如,竹子象征人品清逸、气节高尚;松柏象征坚强和长寿;莲花象征洁净无瑕;兰花象征幽居隐士;玉兰、牡丹、桂花象征荣华富贵;石榴象征多子多孙;紫薇象征高官厚禄等。

在园林中,建筑具有十分重要的作用,它可满足人们享受生活和观赏风景的愿望。中国自然式园林,其建筑一方面要可行、可观、可居、可游,另一方面起着点景、隔景的作用,使园林移步换景、渐入佳境,又使园林显得自然、淡泊、恬静、含蓄。这是与西方园林建筑明显不同之处。

中国自然式园林中的建筑形式多样,有堂、厅、楼、阁、馆、轩、斋、榭、舫、亭、廊、桥、墙等,其中舫如图2-21所示。

图2-20　园林中的静态水景

图2-21　园林建筑(舫)

任务3　东西方园林景观风格比较

　　园林经过漫长发展,形成了多种流派与风格。在18世纪以前,世界各地几乎都有自己的园林。古典园林中,东方园林以中国景园为代表,影响日本、朝鲜及东南亚国家,主要特色是自然山水、植物与人工山水、植物和建筑相结合;西亚园林以古埃及、古巴比伦和波斯园林为代表,主要特色是花园与教堂园;欧洲园林以意大利、法国、英国及俄罗斯园林为代表,各有特色,基本以规则式布局为主,以自然景物配置为辅。

一、日本园林

图 2-22　日本池泉园

　　日本现代诗人、小说家室生犀星曾说过,纯日本美的最高表现是日本的庭园。日本园林着重体现象征自然界的景观,避免人工斧凿的痕迹,创造出一种简朴清宁的至美境界。

1. 池泉园

　　池泉园是以池泉为中心的园林,体现了日本人所喜爱的海岛性。池泉园源于中国古典园林中的"一池三山",园中以水池为中心,布置岛、瀑布、土山、溪流、桥、亭、榭等。池泉园中"池"是海洋的影子,"泉"是岩岛的结果。日本池泉园如图 2-22 所示。

2. 枯山水庭园

　　被誉为"无挂轴的山水画"的枯山水庭园(见图 2-23),即石庭,最早见于平安时代出版的《作庭记》,谓"于无池无水处立石之庭园"。枯山水庭园以描写自然风景为目的,是一种利用地形地势建造的庭园,汇集大到大海的大型风景,小到身边、周围有限的小型风景,从高处、大处着眼,使其融于一园。枯山水庭园多为眺望园,游人或坐或立于庭园走廊上,通过人的思维及想象,来感悟天地、宇宙及佛理。枯山水庭园在植物选择方面只用经过修剪、造型的松、苔藓。岩石的选择及配置在枯山水庭园中具有特殊而重要的意义:多皱、多角的岩石暗示山脉、峭壁、瀑布的野性;圆滑的岩石拟造庭园的河床和水池驳岸;卵石表达一条弯曲的枯河道和水滨轮廓。沙砾选用浅灰白色或浅灰色,经过耙制形成纹路,如直纹可喻静水,"Z"纹可喻海中撒网,同心圆纹可喻雨水溅落,涡旋纹可喻旋涡,叠加半圆纹可喻浪涛或波涛击岸。

3. 茶庭

茶庭庭园在室町时代后期诞生于京都和奈良,与用于眺望的"禅宗"枯山水庭园不同,它重在近距离体验。茶庭也叫露庭、露路,是把茶道融入园林之中,为进行茶道的礼仪而创造的一种园林形式。茶庭由院墙、庭园绿化、茶室三部分组成。院墙通常用天然材质做成,如木篱、竹墙,形式简单、朴素。石上的青苔、裂纹和梁柱上的节疤等均成了欣赏对象。园中经常只栽常绿树以示自然朴野,常常将植物剪成自由形体,置石也多以巨大雄浑者为主。石灯笼是茶庭特色,用于庭园照明,通常置于水钵附近、小径转弯处、入口旁侧或可反射其倒影的水池边等,石灯笼前常常植有灯障木。夜幕降临,暖色的灯光将灯障木的细小枝条投影到房舍门墙上,灯光闪烁在林间、水旁、屋边,增强了庭园的景韵。步石道路是茶庭的另一特色。茶庭面积很小,可设在筑山庭和平庭之中,一般是在进入茶室前的一个区域里布置茶庭。日本茶庭如图 2-24 所示。

图 2-23　日本枯山水庭园

图 2-24　日本茶庭

二、西亚园林

从西班牙到印度,横跨欧亚大陆,有着一种独特甚至从今天来看显得刻板的园林形式,这就是西亚园林。它处于波斯和阿拉伯文化的双重作用下,伊斯兰教对它产生了巨大的影响,它也是伊斯兰文明的体现和组成部分。

(一)古埃及园林

古埃及气候干燥火热,又因邻近沙漠,水便成为人们生存的重要条件。受自然环境制约,古埃及园林有着鲜明的特色,最重要的有两点:为了减少水的蒸发和渗漏,水渠为直线型,而水是绿化过程中最重要的制约因子,植物须随其布置,这便导致当时的古埃及园林为规则式园林;由于人们在实用作物的栽植上已积累了丰富经验,园中植物种类也多为无花果、枣、葡萄等便于存活的果树,这意味着园林植物的发展是由实用到观赏逐步过渡的。以古埃及某重臣宅园(见图 2-25)为例,宅园大门正对着主体建筑,中间是宽敞的葡萄架,中轴线的两侧对称分布着方形地块,各个地块上布置着草坪、园庭、水池和树木。

除宅园外,古埃及尚有神园、墓园等形式。神园为使人有崇敬肃穆的感受,常建于易受风沙侵蚀的高处，有时需凿石填土，又因灌溉不方便，为了成行成片地栽植树木，人们付出了艰辛的劳动。古埃及神园卢克索神庙如图 2-26 所示，墓园哈特谢普苏特女王陵庙如图 2-27 所示。

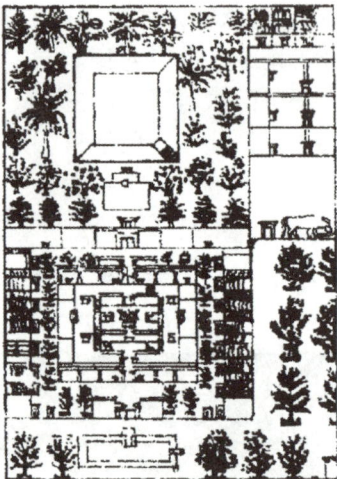

图 2-25　古埃及某重臣宅园

图 2-26　古埃及卢克索神庙遗迹

图 2-27　古埃及哈特谢普苏特女王陵庙

（二）古巴比伦和波斯园林

相对于古埃及，古巴比伦水源条件较好，雨量较多，气候温和，有茂密的森林。人们利用起伏的地形，在恰当的地方堆筑土山，在高处修建神庙、祭坛，庙前绿树成行，引水为池，豢养动物。由此，园林产生的另一个源头——猎园，在古巴比伦蓬勃发展起来。

猎园要在农业文明发展到一定程度时，才能作为高级娱乐形式产生，并需用墙加以范围，不让常人进入。中国和古巴比伦都较早地出现了这种园林形式，后者约在公元前 3 500 年就有猎园，并逐渐向游乐园演化。这充分证明古巴比伦在人类早期文明中占有重要地位。

随着时间的推移，古巴比伦人开始赋予园林更鲜明的特点。公元前 6 世纪，古巴比伦悬空园林——空中花园诞生了。传说是为了治愈从多山的波斯娶来的公主染上的思乡病，古巴比伦王尼布甲尼撒二世在草原上建起高大的、能承受巨大重量的拱券,覆上铅皮、沥青,再在积土上种植植物,形成了中空、可住人的人工山。此人工山顶部设有提水装置,保证树木生长。空中花园远望如天间山林,构想之奇妙大胆,为世界所罕见,其想象图如图2-28和图2-29所示。

古巴比伦于公元前2世纪衰落了,波斯(今伊朗)便成为西亚园林中心。公元8世纪,伊斯兰教徒控制西亚后开始按照伊斯兰教义中的天堂来设计园林。他们将《古兰经》中描述的水河、乳河、酒河、蜜河在现实中化作四条主干渠,成十字形,通过交叉处的中心水池相连,将园林分成田字形。由于干旱,无论在传说还是现实中,水都是值得歌颂的、美好的象征,也正是为了节省水,伊斯兰教徒们才采用了这样规则的输水线路。不仅如此,伊斯兰教徒们甚至将点点滴滴的水汇聚起来,用输水管直接浇到植株根部。这时期,人们对水景的造型更加细心推敲,西亚水景的设计技术在当时首屈一指,并传入西班牙、意大利和法国,为欧洲园林的发展做出了卓越的贡献。

图 2-28　古巴比伦悬空园林想象图 1　　　　　　图 2-29　古巴比伦悬空园林想象图 2

(三)西班牙古典园林

公元15世纪,西班牙人在欧洲西南端的伊比利亚半岛上创造了一种新文化以及与之相应的新环境,并将其反映于当时的园林设计理念之中:由厚实坚固的城堡式建筑围合成内庭园;庭园被白墙环绕,被水道和喷泉切分;种植大量的常绿树篱和柑橘树,用于调节庭园和建筑的温度;材料选用非常简单的灰泥、木材和瓷砖等。这些建筑内外空间的组合及布局反映出西班牙古典园林建造的要旨,即在营造优美的居住环境的同时,又要为居住者提供凉爽的小气候条件。

西班牙南部的格拉纳达的阿尔罕布拉宫是西班牙古典园林典型的例子。在西班牙的阿拉伯式宫殿中,阿尔罕布拉宫并非最重要者,但却是保存得最好的。"阿尔罕布拉"在阿拉伯语中是红色的意思,它代表了该宫殿所在地的山体颜色,而宫殿的外墙也由用细砂和泥土烧制的红色砖块砌筑。阿尔罕布拉宫园林景观如图2-30和图2-31所示。在阿尔罕布拉宫中,有四个主要的中庭(或称为内院):桃金娘中庭、狮庭、达拉哈中庭和雷哈中庭。环绕这些中庭的建筑布局都非常精巧而对称,但每一中庭综合体的自身空间组织却较为自由。就这四个中庭而言,最负盛名的当属桃金娘中庭和狮庭。

阿尔罕布拉宫中的桃金娘中庭(见图2-32)是一处引人注目的大庭园,也是阿尔罕布拉宫最为重要的群体空间,是外交和政治活动的中心。它由大理石列柱围合而成,其间是一个浅而平的矩形反射水池以及漂亮的中央喷泉。在水池两侧排列着两行桃金娘树篱,这也是该中庭名称的来由。

桃金娘中庭东侧是狮庭(见图2-33)。此处列柱支撑起雕刻精美考究的拱形回廊,从柱间向中庭看去,中心处12只强劲有力的白色大理石狮托起一个大水钵(喷泉),石狮布局成环状。狮庭是一个经典的阿拉伯式庭园,由两条水渠将其四分。水从石狮的口中泻出,经由这两条水渠流向围合中庭的四个走廊。走廊由124根棕榈树般的柱子架设,拱门及走廊顶棚上的拼花图案尺度适宜且相当精美,表现出当时极其精湛的木工手艺。拱门由石头雕刻而成,做工精细考究,错综复杂。由于柱身较为纤细,四根立柱常组合在一起,这样,既满足了支撑结构的需求,又增添了庭园建筑的层次感,使空间更为丰富、细腻。人们在这样的环境中,很容易放松精神和转换个人心态。

图2-30　阿尔罕布拉宫外观

图2-31　阿尔罕布拉宫内部景观

图2-32　阿尔罕布拉宫
桃金娘中庭

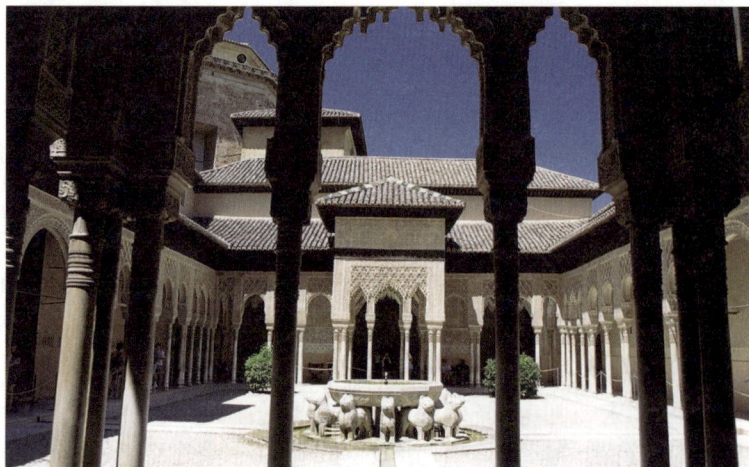

图2-33　阿尔罕布拉宫狮庭

西亚园林在近现代发展缓慢,但古埃及园林对古希腊园林产生的影响及西班牙古典园林对中世纪后园林复兴的影响不容忽视,离开了西亚园林,欧洲的园林发展便失去了推动力。虽然西亚园林对东方园林的影响相对要小得多,我们最终还是会认识到它的历史价值,因为它如同巍峨的金字塔一样,也凝聚着人类的智慧与文明。

三、欧洲园林

欧洲园林也称西方园林,其早期为规则式园林,近现代以来,又确立了人本主义造园宗旨,并与生态环境建设相协调,出现了城市园林、自然保护区园林等类型,率世界园林发展新潮流。

欧洲园林主要表现为开朗、活泼、规则、整齐、豪华,有时甚至是讲究排场。古希腊哲学家推崇"秩序是美的",他们认为,野生大自然是未经驯化的,充分体现人工造型的植物形式才是美的,所以古希腊园林中的植物都被修剪成规则的几何形式,园林中的道路都是整齐笔直的。18世纪以前的西方古典园林景观都沿中轴线对称展现。从古希腊、古罗马的庄园别墅,到文艺复兴时期意大利的台地园,再到法国的凡尔赛宫,规划设计中都有一个完整的中轴系统:宽阔的中央大道,配有雕塑的喷泉水池,修剪成几何形体的绿篱,大片开阔平坦的草坪,成行、成列栽植的树木。地形、水池、瀑布、喷泉的造型都是人工几何形体,全园景观是一幅"人工图案装饰画"。西方古典园林的创作主导思想是以人为自然界的中心,大自然必须按照人理解的秩序、规则、条理、模式来进行改造,这一思想认为,以中轴对称的规则形式可体现出超越自然的人类征服力量,人造的几何规则景观可超越一切自然。造园中的建筑、草坪、树木无不讲究完整性和逻辑性,力求以几何形的组合达到和谐和完美。欧洲园林讲求的是一览无余,追求图案的美、人工的美、改造的美和征服的美,是一种开放式的园林,一种供多数人享乐的"众乐园"。

(一)古希腊园林

作为欧洲文化的发源地,在历经了外部及内部频繁的战乱后,古希腊于公元前5世纪进入了相对和平繁荣的时期,园林便随之产生、发展。

在园林形成初期,其实用性是很强的,形式也比较单调,多为修整成规则式园围的土地,四周用绿篱加以范围;种植以经济作物为主,栽培果品、蔬菜、香料和各种调味品。这是园林产生之初比较主要的表现形式。

中庭式柱廊园(见图2-34)是当时的又一种形式。园地四周由建筑围合,和我国的私家园林略有相同之处,但古希腊中庭式柱廊园地面多加以铺装,后期设有水池、花池等,芳香植物应用较多,中心庭园成为重点景观之一。这也是当地气候条件较好的缘故。

另一类是寺庙园林,即以神殿(见图2-35)为主体的园林风景区。

(二)古罗马园林

继古希腊之后,古罗马成为欧洲最强大的国家。古罗马园林基本继承了古希腊园林规则式的特点并对其进行了发展和丰富,做到了青出于蓝而胜于蓝。

通过对庞贝城遗址的发掘,我们发现,古罗马园林将古希腊中庭式柱廊园继承了下来;古罗马人认为水是清洁、灵性的象征,故庭园中水池很多,浴场比比皆是。(见图2-36)

图 2-34　古希腊中庭式柱廊园遗迹

图 2-35　古希腊神殿遗迹

古罗马人并不仅仅满足于模仿,他们将喷泉和柱廊结合,在餐桌旁用水流运送食物(可起冰镇作用),同时开始了对田园意境的追求,这是从前少见的。园林中的葡萄园、稻田已不再具有强烈的功能性。

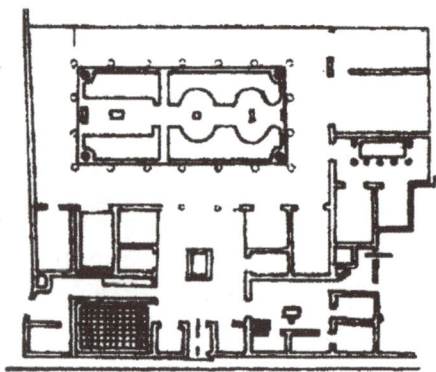

图 2-36　古罗马庞贝城某庭园布置图

(三)意大利台地园

意大利台地园是新的社会阶层创造性的产物,是建筑和园林的结合体,具有鲜明的个性。意大利中南部自然条件温暖湿润,雨量充足,土壤肥沃,多为丘陵地,庄园多建在依山面海的坡地上,以利用陆海间气流交换而保持凉爽。降温是意大利台地园中水景频繁出现的最具实用性的动机。意大利人充分利用高差创造了多种理水方法。对古罗马人追求宏大气魄的崇尚,决定了意大利台地园主体建筑具有一定的体量,园地只能是其延续。为与主体建筑配合,园地多采用几何形状,这也决定了意大利台地园种植上将以整形和半整形树木为主。整形式的绿丛植坛在最下层,获得了较好视角,庄园外围则以半整形(在整形的地块上自然地种植树丛而取得的半自然的效果)的方畦树丛作为整形庄园和周围天然环境的过渡。同时,当人位于最高层时,视线升高,海天一色的自然景观气氛压倒了人工气势,减弱了双方冲突。人工环境只是自然环境的一小部分,这使整形的园林和自然的风景得到了统一。意大利的强烈阳光,限制了该园林中艳丽花卉的应用。为了获得安宁清爽的感觉,常绿灌木成为园中主景,同时也保证了修剪过的植物景观常年不变。方畦树丛也时常作为行道树,使主要路线上无阳光直射,但较其他行道树更显得灵活。植物叶色浓淡搭配也已受到重视,建筑旁边多选用叶色相似的植物,逐渐过渡到天然丛林。典型的意大利台地园——埃斯特别墅景观如图2-37和图2-38所示。

图 2-37　意大利埃斯特别墅景观 1

图 2-38　意大利埃斯特别墅景观 2

(四)法国园林

　　法国园林在学习意大利园林的同时,结合本国特点,创作出一些独特的风格。其一,运用适应法国平原地形的布局法,用一条道路将刺绣花坛分割为对称的两大块,图案有时采用阿拉伯式的装饰花纹与几何图形相结合。其二,用花草图形模仿衣服和刺绣花边,形成一种新的园林装饰艺术——摩尔式装饰(或称阿拉伯式装饰)。绿色植坛划分成小方格花坛,用黄杨构成花纹,除保留花草外,使用彩色页岩细粒或砂子作为底衬,以提高装饰效果。其三,花坛是法国园林中重要的构成因素之一。从把整个花园简单地划分成方格形花坛,到把花园当作一个整体,按图案来布置刺绣花坛,形成与宏伟建筑相匹配的整体构图效果,是法国园林艺术的重大飞跃。

　　以上四种园林均为西方规则式园林,其发展到顶点的标志是凡尔赛宫,如图 2-39 和图 2-40 所示。其设计师勒诺特继承了法国园林风格和意大利园林艺术,坚持整体统一的原则,使法国园林在世界园林中脱颖而出,独树一帜,成为西方其他各国争相效仿的蓝本。

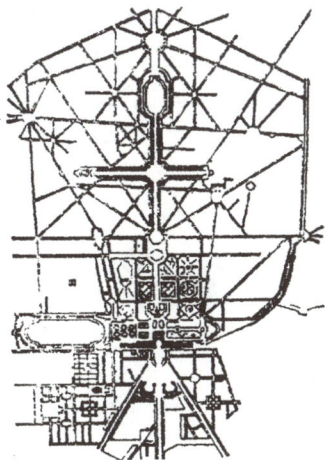

图 2-39　凡尔赛宫平面图

图 2-40　凡尔赛宫景观

(五)英国风景式园林

　　英国多起伏的丘陵,17—18 世纪时由于毛纺工业的发展而开辟了许多牧羊的草场。草地、森林与丘陵地貌相结合,构成了英国极具天然风致的特殊景观。这种优美的自然景观促成了风景画和田园诗的兴盛,而风景画和浪漫派诗人对大自然的纵情讴歌又使得英国人对天然风致之美产生了深厚的感情。这种人文思潮当然会波及园林艺术,于是,封闭的城堡园林和规整严谨的勒诺特式园林逐渐被人们所厌弃,新的思潮促使他们去探索另一种近乎自然、返璞归真的新的园林风格——风景式园林。英国风景式园林(自然风景园)如图 2-41 和图 2-42 所示。

图 2-41　英国自然风景园 1

图 2-42　英国自然风景园 2

英国的风景式园林与勒诺特式的园林完全相反,它否定了纹样植坛、笔直的林荫道、方正的水池、整形的树木,扬弃了一切几何形状和对称整齐的布局,代之以弯曲的道路、自然式的树丛和草地、蜿蜒的河流,讲究借景和与园外的自然环境相融合。为了彻底消除园内景观界限,英国人把园墙修筑在深沟之中,即"沉墙"。当这种造园风格盛行的时候,英国过去的许多出色的文艺复兴风格园林和勒诺特式园林都被平毁或改造。

任务 4　近现代园林景观发展革新

一、近现代国际风景园林发展简述

(一)18 世纪初期——英国风景式园林盛行

与规整式园林相比,风景式园林在园林与天然风景相结合、突出自然景观方面有其独特的成就。从造园家胡弗莱·雷普顿（Humphry Repton）开始,英国风景式园林使用台地、绿篱、人工理水、植物整形修剪以及日晷、鸟舍、雕像等建筑小品,特别注意树的外形与建筑形象的配合衬托以及虚实、色彩、明暗的对比关系。有的园林甚至故意设置废墟、残碑、断碣、朽桥、枯树以渲染一种浪漫的情调,这就是浪漫派风景式园林。

（二）18—19 世纪——勒诺特风格和英国自然风景风格平行发展

18—19 世纪可以说是勒诺特风格和英国自然风景风格这两大主流并行发展、互为消长的时期,同时也产生了许多混合型的变体。

（三）19 世纪中叶——植物研究成为专门的学科,大量花卉开始在景观中运用

19 世纪中叶,欧洲人大量引进树木和花卉的新品种并加以驯化,观赏植物的研究遂成为一门学科,花卉在园林中的地位愈加重要。这一时期的欧洲园林很讲究花卉的形态、色彩、香味、花期和栽植方式;造园大量使用了花坛,并且出现了以花卉配置为主要内容,甚至以某一种花卉为主题的花园,如玫瑰园、百合园等。

（四）19 世纪后期——大工业发展,郊野地区开始兴建别墅园林

19 世纪后期,由于大工业的发展,许多资本主义国家城市日益膨胀,人口越发集中,大城市开始出现居住条件两极分化的现象。"贫民窟"环境污秽嘈杂;即使在市政设施完善的富人住宅区,也由于地价昂贵,经营宅园不易。人们纷纷远离城市,寻找清净的环境,加之交通工具发达,于是,在郊野地区兴建别墅园林成为一时风尚。19 世纪末到 20 世纪初是这类园林最为兴盛的时期。当时的城市建筑过于稠密和拥挤,人们迫切需要优美的园林环境作为生活的调节剂,因此,相关人士在提出种种城市规划的理论和方案设想的同时,也开始考虑园林绿化的问题,其中霍华德（E. Howard）倡导的"花园城市"就是很有代表性的一种理论,在英国、美国都得到了实践,但并未得到推广。另一方面,在富人居住区也相应出现了一些新的园林类型,比较早的如伦敦花园广场。公园也开始被纳入住宅区的规划。

（五）第一次世界大战以后——现代流派迭兴,现代园林产生

第一次世界大战以后,造型艺术和建筑艺术中的各种现代流派迭兴,园林也受到潜移默化。把现代艺术和现代建筑的构图法则运用于造园设计,就形成了一种新型的现代园林风格。这种风格的园林规划讲究自由布局和空间的穿插,建筑、山水和植物讲究体形、质地、色彩的抽象构图,还吸收了日本庭园的某些意境和手法。现代园林随着现代建筑和造园技术的发达而风行全世界。

二、现代风景园林的多元化发展趋势

所谓多元化,在风景园林领域中是指风格与形式的多样化,这种趋向的目的是获得景观与环境的个性及明显的地区性特征。地区性特征不仅表现为地理因素（地形、地貌、地质、环境、气候等）的影响,而且要反映民族、生活、历史和文化的背景。现代风景园林与传统园林

设计的差别在于人们对自然的认知范围在不断扩展,人与自然的关系在不断变化,以及人们对景观、空间、尺度、运动等概念的理解与认识在不断深入。

(一)以自然为主体

现代风景园林设计所追求的是减少甚至是没有人类参与而由自然形成的真正的自然场所。随着自然生态系统的严重退化和人类生存环境的日益恶化,西方社会对人与自然的关系认识发生了根本变化。人类从过去作为自然界的主宰,转变为现在成为自然界的一员。也就是说,过去的园林设计将自然看作原材料,现在则倾向将自然作为设计的主体。

传统园林被看作是人与自然的相互竞争,而城市中出现的荒地则被看作是人类征服自然能力的衰退。当人们认识到,植物同人类一样在发展过程中要不断迁徙,人们就会运用各种方式将荒地变成各种迁徙植物的竞争地。荒地成为风景园林展示的热门景观类型之一。

(二)以生态为核心

生态学的重要意义之一在于,使人们普遍认识到将各种生物联系起来的各种依存方式的重要性。就风景园林设计而言,所有的景观元素都是相互关联的。设计就如同植物嫁接一样,如果砧木、接穗和嫁接方法等选择不当,嫁接就很难成功。同样,如果在设计中随意去掉一些景观元素,或破坏了各景观元素之间的联系,极有可能在许多层面上影响到原先错综复杂、彼此连接的景观格局。如前所述,这类错误的设计手法对于非自然环境而言,造成的后果还不是很严重,可能只是原有景观类型的消失而已;对于那些以生物为核心的自然环境来说,这样的风景园林设计方案就会造成破坏自然的恶果,而且设计本身也难以获得成功,强行实施则或遭到原有景物的排斥,或代价昂贵。

(三)以地域为特征

地域性景观是指一个地区自然景观与历史文脉的总和,包括由气候特点、地形地貌、水文地质、动植物资源等构成的自然景观资源条件及人类作用于自然所形成的人文景观遗产等。风景园林设计的要旨就是再现本地区的地域性景观特征,包括自然景观和人文景观。

在某个地区中,各个景观元素相互联系,并与周围的自然与人文特征相结合,构成人们所观察到的景观类型。景观设计应从大到一个区域、小到场地周围的自然和人文景观类型及特征出发,充分利用当地独特的自然和人文景观元素,营造适合当地自然和人文条件的景观类型,以适应当地生活习俗中观察和利用景观的方式。风景园林设计不应满足于场地本身的景观塑造,而应追求本地区地域性景观的完整性。

(四)以场地为基础

任何场地都具有大量显性或隐性的景观资源。做风景园林设计不仅要具备相关专业知识,还要具备对景观敏锐的观察能力以及对景观变化机理的洞察能力。首先,要深入细致地了解并理解场地,努力把场地含有的各种信息都收集、归纳并联系起来,对场所的重要特征加以提炼并运用于设计之中。同时,要能够预见场地整治的变化方向,始终明确场地的改变过程。

(五)以空间为骨架

景观是由实体和空间两部分组成的,空间是风景园林设计的核心。所有景物彼此紧密相连,同属于某空间体系。

空间的特性来自该空间与其他空间的相互关系。在一个空间内部,如果以该空间的边界为参照,还应存在一些亚空间,亚空间又与其亚边界相联系。风景园林设计不能轻易地破坏各景观边界在空间中存在的形态。景观空间具有一定的扩展能力,它们以某种方式与相邻空间共同存在,同被欣赏,形成某种空间联合体。地平线是景观空间的边界,随着观察者的运动,它也在不断地运动变化。因此,风景园林设计不仅要关注空间本身,更要关注该空间与周边空间的联系方式,即一个空间以何种方式转换到相邻空间,然后再以何种方式转换到这一相邻空间的相邻空间,如此由近至远,逐渐抵达遥远的地平线,从而形成所有景物有机联系的整体性景观。

(六)以简约为手法

简约的设计手法就是简要概括的手法,要求用最简约的设计突出风景园林设计的本质特征,减少不必要的装饰,避免拖泥带水。简约是风景园林设计的基本原则之一。

简约手法至少包括三个方面的内容:一是设计方法的简约,要求对场地认真研究,以最小的改变取得最大的成效;二是表现手法的简约,要求简明和概括,以最少的景物表现最主要的景观特征;三是设计目标的简约,要求充分了解并顺应场地的文脉、特性,尽量减少对原有景观的人为干扰。现代风景园林设计越来越倾向于用简约的手法去整治空间。

三、多元化趋势中风景园林的流派与思潮

(一)后现代主义园林

后现代主义起源于 20 世纪 60 年代中期的美国,活跃于 20 世纪七八十年代,强调设计应具有历史的延续性,常把古典的元素与现代的符号以新的手法融合到一起,重现历史文脉;对现代主义建筑厌恶,注重地方传统,强调借鉴历史和文化内涵及对生活的隐喻;对装饰感兴趣,在历史样式中寻求灵感;结合当地环境,尊重自然、回归自然。西方古典园林整齐划一的园林结构虽然能令人感到井然有序,但同时也将人排斥在园林之外,而后现代主义园林就对这种规整模式进行反叛,将园林分解成各个景观碎片,再将这些碎片用非传统的方法拼接起来。后现代主义园林是对西方传统哲学和西方现代社会的纠正与反叛,但在纠正与反叛中又不免走向另一极端——怀疑主义和虚无主义("过正"和"矫枉")。后现代主义是对现代主义的继承和超越,在景观设计领域主要表现为对传统的理解、对场所的重视以及对历史文脉的继承。当然,它对文脉的继承并不是将传统景观元素简单再现,而是利用现代造景手法,采用象征和隐喻的手法对传统进行阐述。在后现代主义设计思潮的干预下,西方的园林设计已成为与传统、历史、文化、自然及意识形态相联系的复杂文化现象。

后现代主义园林代表作品有位于巴黎西南角的雪铁龙公园、美国波特兰市政大楼、英国国家美术馆塞恩斯伯里翼楼等。后现代主义设计师代表有美国建筑师罗伯特·文丘里等。

（二）解构主义园林

解构主义（deconstructivism）从结构主义（constructionism）演化而来，其实质是对结构主义的破坏和分解，它大胆向古典主义、现代主义和后现代主义提出质疑，认为应当将一切既定的规律加以颠覆，提倡分解的、不完整的、无中心的、持续的变化，采用裂解、悬浮、消失、分裂、拆散、移位、斜轴、拼接等手法，创造出支离破碎和不确定感，反对总体统一。此类园林虽无规律，但却看得到线索；虽无逻辑，但却看得到思想。

解构主义园林代表作品有巴黎拉维莱特公园等。解构主义设计师代表有伯纳德·屈米（Bernard Tschumi）、丹尼尔·利伯斯金德（Daniel Libeskind）等。

（三）高技派园林

高技派（high-tech）兴起于20世纪六七十年代，为突出当代工业技术成就，设计师在建筑形体和室内环境设计中崇尚机械美，在室内暴露梁板、网架等结构构件以及风管、线缆等各种设备和管道，强调工艺技术与时代感。这一风格通常体现在建筑设计和室内设计上，由英国建筑师福斯特与罗杰斯首先发起，是科学技术迅速发展并极大影响人们思想（包括审美观）的产物。它的影响面很广，建筑设计、室内设计、家具设计、产品设计都体现出高技派的特点。高技派园林常利用带孔的金属薄板，带曲线图案的墙纸和织物，多彩的橡胶地板，塑料、玻璃、金属网等材料，以高精度工程技术作为设计手法。但也正由于高技派过度重视技术和材料，极大地压缩装饰，高技派园林显得较为冷漠，缺乏人情味。

高技派园林代表作品有英国"伊甸园"、麦卡伦技术研究中心等。高技派设计师代表有理查德·罗杰斯、诺曼·福斯特、伦佐·皮亚诺等。

（四）生态设计思潮中的园林

生态设计思潮中的园林可追溯到18世纪英国自然风景园。生态设计是按生态学原理进行的人工生态系统的结构、功能、代谢过程和产品及其工艺流程的系统设计。生态设计遵从本地化、节约化、自然化、进化式、人人参与和天人合一等原则，强调减量化、再利用和再循环。生态设计主要包含两方面的含义：一是从保护环境角度考虑，减少资源消耗，实现可持续发展战略；二是从商业角度考虑，降低成本，减少潜在的责任风险，以提高竞争能力。

生态设计手法：保留与再利用——体现文脉并节约资源；生态优先——减少对原生态系统的干扰；变废为宝——对材料和资源进行再生再利用；借助科技——选用高科技。

（五）城市废弃地更新

城市废弃地更新是将工业废弃地、垃圾填埋地、军事废弃地等进行更新，使其产生再利用的价值，可变废为宝。更新重点：对原有场地精神的尊重；处理好新景观与传统园林的关系；场地遗留的处理；生态技术和高科技的应用。城市废弃地更新代表作品：彼得·拉茨设计的德国北杜伊斯堡景观公园，完整保留蒂森钢铁厂的原貌；上海徐家汇公园，原址是大中华橡胶厂，保留了该厂烟囱，体现对原工业时代的见证和纪念。

（六）极简主义园林

极简主义是一种设计风格，强调感官上简约整洁，品位和思想上更为优雅，把视觉对象减少到最低程度，力求以简化的、符号的形式表现深刻而丰富的内容；空间造型上注重光线的处理及空间的渗透,讲求简洁的线条、单纯的色块等,强调各相关元素的相互关系和合理布局。

极简主义园林代表作品有慕尼黑机场凯宾斯基酒店花园等。极简主义园林设计师代表:彼得·沃克(Peter Walker),当今美国极具影响力的园林设计师之一,哈佛大学设计系主任,美国SWA集团创始人,1994年设计建成慕尼黑机场凯宾斯基酒店花园。

(七)大地艺术

20世纪60年代后,英国和美国的艺术家以大地为载体,运用原始的自然材料,参与自然运动,寻求与大地水乳交融的和谐境界。大地艺术可以说是我国庄子"天人合一"哲学思想的具体实践表现。大地艺术家认为,艺术与生活、艺术与自然应该没有严格的界限,在人类的生活时空中,应处处存在着艺术。大地艺术可以看作是室内装饰作品向户外发展的结果,可追溯到古埃及的金字塔和英国的斯通享治圆形石柱。大地艺术的作品十分关注作品的"场所感",即作品与环境有机结合,通过设计来加强或削弱基地本身的地形、地质、季节变化等特性,从而引导人们更为深入地感受自然。大地艺术代表人物是克里斯托。

(八)园林展、花园展、花卉展及园艺展

园林展、花园展、花卉展及园艺展反映了当今园林设计的前沿水平,人们可通过观摩新颖的园林作品和新选育的植物品种,透视风景园林、园艺发展的新趋势。此类展会有世界园艺博览会、英国切尔西花展、德国慕尼黑国际园艺展等。

─────────────── **思 考 练 习** ───────────────

○　　○　　○　　○　　○

1.日本园林受中国哪个时期园林艺术的影响最大?两者相比有何不同?

2.试述中国寺观园林的发展及代表作品。

3.在城市废弃地更新代表作品上海徐家汇公园和德国北杜伊斯堡景观公园中选择其一,收集相应的资料和图片,完成一份调研报告。

项目二
园林景观设计方案环境要素

教学要求

通过学习本章内容,读者应了解景观园林艺术的造型规律、艺术法则、自然景观要素、人文景观要素等内容,为以后的进一步学习打下基础,并能够在今后的设计工作中正确地运用,合理安排、配置各种景观要素,逐步成为景观园林设计的专业人才。

另外,读者通过对本章内容的学习,还应当了解到一些自然与人文知识,扩大眼界,广泛地从前人的作品或大自然的馈赠中汲取经验,并将这些经验转化为自己的能力,再以自己独特的理解与创新表现在自己的作品中,为人们创造更优雅、美丽、舒适、健康的生活游憩空间环境。

能力目标

1. 准确掌握景观园林艺术的造型规律。

2. 准确掌握景观园林艺术的各种法则。

3. 充分理解各类自然景观要素的特点及它们之间的区别与依存关系。

4. 充分理解各类人文景观要素的特点及它们之间的区别与依存关系。

知识目标

1. 掌握景观园林艺术的造型规律。

2. 掌握景观园林艺术的法则。

3. 掌握景观园林艺术的造型规律与构成的关系。

4. 掌握景观园林艺术法则的文化内涵。

5. 掌握自然景观要素的特点及它们之间的区别。

6. 掌握人文景观要素的特点及它们之间的区别。

7. 了解具有代表性的自然景观。

8. 了解具有代表性的人文景观。

素质目标

1. 培养读者对自然环境的保护意识。

2. 增强读者对景观园林设计的可持续性发展意识。

3. 丰富读者的自然与人文知识。

景观园林艺术包含视觉艺术、空间艺术、表现艺术、再现艺术、实用艺术、动的艺术、静的艺术、听觉艺术以及时间艺术等，它是多元的、综合的、空间多维性的艺术。

景观园林艺术作为设计艺术的一种，它与其他艺术形式一样也会体现艺术家本人的个性特点，会受到来自艺术家本人的思维、艺术造诣、世界观、审美观、阅历等多方面的影响，从而呈现出不同的意境与情态。

任务 1　园林景观造型规律

景观园林艺术总的来说属于造型艺术，因此它也符合一般的造型规律，造型艺术中的形式美法则大多可以应用到景观园林艺术中来。

一、多样统一律

多样指的是画面的内容应有变化，丰富多彩；统一则是指各内容之间应相互协调。在景观园林艺术中，形体组合的风格与流派、图形与线条、动态与静态、形式与内容、材料与肌理、尺度与比例、局部与整体都必须满足多样与统一的形式美法则。

二、整齐一律

有条理、整齐的布局可以产生庄重、威严、力量与秩序感，比如成行成列的行道树、绿篱、廊柱等，这是景观园林中的整齐一律的应用，如图 3-1 所示。

三、参差律

有章法又有变化才有艺术性，因此景观园林还需符合参差律。参差律是与整齐一律相对的，景观园林中通过景物的高低起伏、远近大小、疏密轻重、冷暖明暗来获得景物变化的效果，使得整个园林在视觉上有虚实和重点。

四、均衡律

在空间关系上，景观园林均衡律存在着动态均衡和静态均衡两大类，它们都以合乎逻辑的比例关系来使画面具有稳定感。平均也能营造稳定感，但不同的是，平均缺乏变化，美感不足。

五、对比律

与平面构成一样，园林中也经常运用对比。为了突出主题，景观园林中通常使用对比来强化艺术感染力。景观园林中往往运用形体空间、数量主次、色彩质地等来形成对比，如图3-2所示。

图3-1　整齐一律（行道树）

图3-2　园林中色彩的对比（秦皇岛汤河公园）

六、谐调律

谐调的意思为和谐一致、配合得当，谐调律是形式美法则中最常运用的规则之一。在景观园林中，主要有相似谐调、近似谐调、整体与局部谐调等形式。

七、节奏与韵律

节奏与韵律通常与音乐有关，在造型艺术上也有其用武之地。景观园林建筑的韵律美表现在重复上，可以是间距不同、形状相同的重复，可以是形状不同、间距相同的重复，还可以是别的方式的单元重复，如图3-3所示。这种重复的首要条件是单元的相似性或间距的规律性。

八、比例与尺度

比例与尺度是景观园林构图需考虑的基本要素。比例有两方面的含义：一是景观整体或某个局部构件本身的长、宽、高比例；二是景观整体与局部或局部之间空间形体、体量大小的关系。尺度指的是景物、建筑物的整体和局部构件与人或人所习见的某些特定的大小关系。比例和尺度直接影响园林绿地的布局和造景。法国凡尔赛宫就是较好地运用了比例与尺度关系的造园经典，如图3-4所示。

图 3-3　景观园林建筑的韵律美（徽派建筑）

图 3-4　法国凡尔赛宫

九、主从律

景观园林布局中的主要部分和次要部分一般都是由功能使用要求决定的。从平面布局上看，主要部分常成为全园的主要布局中心，次要部分则成为次要的布局中心。次要布局中心既要有相对独立性，又要从属主要布局中心，要能与主要布局中心互相联系、互相呼应。

十、整体律

从景观园林的整体来看，在景观园林设计中的形体结构、艺术风格和构思意境等多个方面，元素都应保持完整性，切不可缺失、不足。

任务 2　园林景观艺术法则

园林是民族文化的体现，它是在一定的范围内，根据自然、艺术和工程技术规律，主要由地形地貌、山水泉石、动植物、广场、园路及建筑小品等要素组合、建造的，环境优美、生态良好的空间境域。中国的景观园林艺术，在漫长的发展过程中形成了自己的艺术法则和指导思想。

一、造园之始，意在笔先

景观园林向来处处体现着园主的审美情趣与艺术修养，尤其是中国园林，更是追求意境，追求诗情画意。中国园林往往在造园之前，就先有立意，园主的性格、阅历都会反映在整个园林之中。

二、相地合宜，构图得体

所谓相地合宜，指的是景观园林的设计应注意构图得体。《园冶》中就有提到，园中水陆的比例是很有讲究的，"约十亩之地，须开池者三""余七分之地，为垒土者四"。如不注意得当的水陆比例，则会"虽百般精巧，却终不相宜"。

三、巧于因借，因地制宜

因地制宜就是要求景园的设计应在自然的基础上进行改造。其精华归纳为一个字就是"借"，景观园林须就地形地势而定，景不能局限于园内或园外。采用因地借景的手法，能大大超越有限的景园空间。

四、欲扬先抑，柳暗花明

这是东西方景观园林艺术的区别之一。西方的几何式园林一览无余，开阔明快；东方园林则崇尚欲露先藏、欲扬先抑，要给人一种"山重水复疑无路，柳暗花明又一村"的感觉，如图3-5所示。

图 3-5 园林中的欲扬先抑

五、开合有致,步移景异

景观园林在空间的规划设计上,应使人们在游览园林的过程中,能产生心理起伏的律动感,通过步行引起视线变化而有步移景异、渐入佳境的感觉。

六、小中见大,咫尺山林

园林的空间大小毕竟有限,为了突破这个制约,除了前面提到的因地借景,还应讲究小中见大,合理利用比例和尺度的形式美法则,再通过对比、反衬来形成错觉与联想,进而产生"一石则太华千寻,一勺则江河万里"的境界。

七、文景相依,诗情画意

诗情画意是中国古典园林的精髓,也是造园艺术所追求的最高境界。在我国古代,每个园林建成后,园主总要邀集一些文人,根据园主的立意和园林的景象,给园林和建筑物命名,并配以匾额题词、楹联诗文及刻石。园林中的匾额、楹联及刻石的内容,多数是直接引用前人已有的诗句,或者略做变通。

八、虽由人作,宛自天开

景观园林是以自然山水为基础、以植被为装点的,而山水植被是构成自然风景的基本要素。但景观园林绝非简单地利用或模仿这些构景要素的原始状态,而是有意识地加以改造、调整、加工和剪裁,从而呈现一种精练、概括的"虽由人作,宛自天开"的自然。

任务 3　园林景观自然要素

自然景观通常指的是只受到人类轻微影响而原有自然面貌变化并不明显的景观,包括山岳风景、水域风景、天文气象和生物景观。

一、山岳风景景观

山岳是受地层和岩石、地质构造、地质动力等因素的影响而形成的地文景观,多以名山为主,如中国的五岳、希腊的奥林匹斯山等。

(一)山峰

山峰就好似大地的骨骼,是山岳风景景观的主要构成部分,它们因各自的形态不同而异彩纷呈,"横看成岭侧成峰,远近高低各不同",既是登高望远的立足处,又是千姿百态的风景。著名山岳风景景观湖南张家界国家森林公园中奇峰林立,如图 3-6 所示。

(二)岩崖

岩崖是高耸陡峭的悬崖峭壁,由风化和地壳运动形成,通常垂直或接近垂直,常见于海岸、河岸、山区,瀑布的支流常常流经岩崖。著名的岩崖有以色列的马萨达悬崖、爱尔兰的莫赫悬崖、美国的埃尔卡皮坦悬崖和加拿大芒特索尔悬崖(见图 3-7)等。

图 3-6　湖南张家界国家森林公园

图 3-7　加拿大芒特索尔悬崖

(三)洞府

洞府指的是各类石灰岩溶洞,它们构成了山石之下神奇的地宫,洞内有各种石钟乳、石笋、石柱、石床,光怪陆离,神秘莫测。著名的溶洞有中国的云水洞、腾龙洞、芙蓉洞(见图 3-8),日本的玉泉洞,美国的猛犸洞等。

(四)峡谷

峡谷是向地下深陷的地形,与山峰的方向相反,多由河流长时间侵袭而成,富有壮丽的自然景观。我国典型的峡谷景观有长江三峡等。著名的长江三峡景色极其壮丽,幽邃峻峭,江水蜿蜒东去,两岸古迹又为三峡生色,如图 3-9 所示。其中,瞿塘峡素有"夔门天下雄"之称,巫峡则以山势峻拔、奇秀多姿著称,西陵峡最长,其间又有许多峡谷,如兵书宝剑峡、崆岭峡、黄牛峡、灯影峡等。

(五)火山

火山是因地球深处的岩浆等高温物质从裂缝中喷出地面而形成的锥形山。日本著名景观富士山就是一座火山,如图 3-10 所示。

(六)雪山

海拔较高的山脉顶端因气温较低会终年积雪,由此也成为一大奇景。著名的雪山有喜马拉雅山,我国的唐古拉山、昆仑山、玉龙雪山,非洲的乞力马扎罗山,欧洲的阿尔卑斯山(见图 3-11)等。

图 3-8　重庆芙蓉洞

图 3-9　长江三峡

图 3-10　日本富士山

图 3-11　阿尔卑斯山

(七)地质奇观

地质奇观通常包括各类奇异的地貌,如喀斯特地貌(见图 3-12)、风蚀地貌(见图 3-13)、地缝裂谷等。喀斯特地貌是指具有溶蚀力的水对可溶性岩石进行溶蚀等作用(除溶蚀作用以外,还包括流水的冲蚀、潜蚀,以及坍陷等机械侵蚀过程)所形成的地表和地下形态的总称;风蚀地貌是指风力吹蚀、磨蚀地表物质所形成的地表形态。

图 3-12　喀斯特地貌(云南石林)

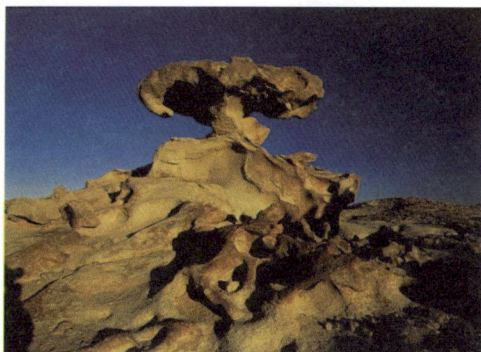

图 3-13　内蒙古海森楚鲁风蚀地貌

二、水域风景景观

水域风景是大自然灵气所在,它不仅能独立成景,还能点缀周围,使得山依水而活,天得水而秀,动中有静、静中有动。广义的水域风景包括江河、湖泊、池沼、瀑潭等。

(一)海洋

海洋景观在景观园林层面上指的是滨海,它既是重要的经济开发区,又是旅游观光胜地。滨海景观有三大类,即基岩海岸、泥沙海岸和生物海岸。基岩海岸大多由花岗岩和石灰岩组成,如图 3-14 所示;泥沙海岸由河流冲积而成,大多是海滩涂地;生物海岸则包括红树林海岸、珊瑚礁海岸等。其中,基岩海岸和生物海岸有较高的观赏价值。海南三亚亚龙湾有美丽的珊瑚景观和新月形沙滩,被称为"东方夏威夷";"夏都"北戴河具有迷人风光;美国夏威夷瓦湖岛威基基海滩,以"沙滩、浪花、排排棕榈树"著称;地中海各段分别以"天蓝色海岸""绿宝石海岸""金色海岸""太阳海岸""光明海岸"等美丽的名字闻名遐迩。

(二)岛屿

中国古典园林中的"一池三山"来自古代传说中东海上的三仙岛——蓬莱、方丈和瀛洲,这使得后来的景观园林设计也形成了常用岛屿点缀水体的传统格局,既增加水景层次又增添游人的探求情趣。澳大利亚大堡礁在落潮时会有部分珊瑚礁露出水面,形成天然的岛屿(珊瑚岛)景观,如图 3-15 所示。

图 3-14　基岩海岸

图 3-15　澳大利亚大堡礁

(三)河流

河流一般是以高山为源头,沿地势向下流,一直流入湖泊或海洋等终点。河流是地球上水文循环的重要路径,是泥沙、盐类等进入湖泊、海洋的通道。如果说山峰是大地的骨骼,那么河流就是大地的血脉,它是流动的风景画面,大可排山倒海、小能曲水流觞,奔流千里不回头。亚马孙河是世界上流量、流域最大的河流,如图 3-16 所示。

(四)湖泊

湖泊是陆地上洼地积水形成的、水域宽广、换流缓慢的水体,多以淡水为主,也是景观园林中最常出现的水域景观要素,就像是园林中的宝石、明珠。著名湖泊景观长白山天池如图 3-17 所示。

图 3-16　南美洲亚马孙河

图 3-17　长白山天池

（五）瀑布与溪涧

瀑布是山岳景观中最有观赏价值的水体景观，几乎所有的名山大川都有不同的瀑布景观，它们形态各异，气势非凡，"疑是银河落九天"。著名景观贵州黄果树瀑布如图 3-18 所示。溪涧则是瀑布飞溅直下形成的溪流深涧。

（六）泉水

泉水指的是地下水涌出地表的现象，往往以一个点状泉口出现，有时是一条线或是一个小范围，多出现在山区与丘陵的沟谷、坡脚、山前地带、河流两岸和断层带附近，而在平原区很少见。泉水也常是河流的水源。在山区常有沟谷深切，排泄地下水，许多清泉汇合成为溪流。在石灰岩地区，许多岩溶大泉本身就是河流的源头。从温度来看，泉水分为冷泉和温泉；从形态来看，泉水分为喷泉、涌泉和间歇泉等；从用途来看，泉水分为饮泉、矿泉、浴泉、听泉等。著名泉水景观甘肃月牙泉如图 3-19 所示。

图 3-18　贵州黄果树瀑布

图 3-19　甘肃月牙泉

三、天文气象景观

天文气象千变万化，能作为景观园林要素的天文气象大都为能够定时出现的景象，能让人们通过视觉获得美的享受。

（一）日出和晚霞

日出和晚霞是观赏太阳最主要的景观。日出是指太阳初升出地平线或最初看到的太阳的出现；晚霞则是指在傍晚日落前后的天边，时常出现的五彩缤纷的彩霞。观赏日出和晚霞的时机会随季节及各地方纬度的不同而改变，在我国，通常9—11月份（金秋时节）是最适合的。

（二）云雾、佛光和极光

海拔1 500 m以上的山岳常为山丘气候，出现云海翻波（见图3-20）、佛光、瀑布云流的现象。佛光，又称宝光，佛光出现时有一个七彩光环，人影在光环正中随人而动，变幻之奇，出人意料，常见于山区，尤以我国峨眉山最常见，泰山、黄山也可见到。极光则是在高纬度地区高空中出现的彩色发光现象，一般呈带状、弧状、幕布状、放射状，这些形状有时稳定，有时呈连续性变化。我国黑龙江漠河和新疆阿尔泰，每年可见一次极光。

图3-20　山东崂山云海

（三）海市蜃楼

海市蜃楼是地球上物体反射的光经大气折射而形成的虚像，常在海上和沙漠里出现，而且常常会于同一地点、同一时间反复出现。古人归因于"蛤蜊之属的蜃，吐气而成楼台城郭"，因而得名。海市蜃楼景观变幻莫测，极具神秘感。

四、生物景观

各种生物的存在使世界变得精彩，它们让地球生机勃勃。在景观园林的层面上，生物主要指的是植物和动物。植物构成了景观园林中的主要色彩，也是绿色生命的要素，动物则是园林中最活跃、最有生气的要素。

（一）植物

1. 森林

森林是以大量树木组成的区域，它是自然景观中的绿化主题，是园林景观中必备的要素。除了专门的森林公园以外，一般的园林里也大都以树木为景观。森林按照成因可分为原始森林、原始次生林、人工森林；按照功能则可分为用材林、经济林、防风林、卫生防护林、水源涵养林和风景林。作为一种特殊的森林景观，热带雨林（见图3-21）以其独特的功能性和丰富的生物种类为人们所喜爱。

2. 草原

草原指的是以草本植物形成的植被，也是所有植被类型中分布最广的，如图3-22所示。

在园林景观的层面上,草地是草原的缩影,也是园林中必不可少的景观。

图 3-21　热带雨林

图 3-22　草原

3. 花卉

花卉是指有观赏价值的草本和木本植物,它是景观园林当中不可缺少的重要组成元素,除了传统意义上的各类鲜花之外,观赏类灌木也属于此范畴。常见的观赏花卉有鸡冠花、玫瑰、牡丹、瓜叶菊、郁金香、睡莲、鸢尾等。许多著名景观园林中采用了花卉景观,如法国凡尔赛宫(见图 3-23)。

(二)动物

1. 鱼类

景观园林里的动物以观赏鱼为主,还包括水生软体动物、贝类生物、珊瑚等。观赏鱼是指具有观赏价值的鱼类。它们分布在世界各地,有的生活在淡水中,有的生活在海水中。它们有的以色彩绚丽而著称,有的以形状怪异而称奇,有的以稀少名贵而闻名。在世界观赏鱼市场中,观赏鱼通常有三大品系,即温带淡水观赏鱼、热带淡水观赏鱼和热带海水观赏鱼。常见的观赏鱼有金鱼、锦鲤(见图 3-24)、神仙鱼、龙鱼等。

图 3-23　法国凡尔赛宫花卉景观

图 3-24　锦鲤

2. 昆虫类

景观园林中的昆虫以观赏类昆虫为主。凡能给人以美感,可供赏玩、娱乐以增添生活情趣、有益身心健康的昆虫都可称为观赏类昆虫。还有一部分昆虫则是作为害虫天敌的益虫,常用于园林植物病虫害生物防治。观赏价值较高的昆虫以各类蝴蝶、甲虫为主,如图 3-25 所示。

图 3-25　蝴蝶

3. 两栖爬行类

两栖爬行动物是原始的陆生脊椎动物,既有适应陆地生活的性状,又有从鱼类祖先继承下来的适应水生生活的性状。景观园林中的两栖爬行类主要以观赏价值较高的龟、蛇、蜥蜴为主。

4. 鸟类

观赏鸟是观赏类动物中的一大特色,它们集看、听、赏玩的功能于一身,可以帮助人们放松身心、娱乐情怀。观赏鸟类大概分为五种:鸣禽,如画眉、黄鹂;猛禽,如鹰;走禽,如孔雀、雉鸡;游涉禽,如鸳鸯、天鹅;攀禽,如鹦鹉。

5. 哺乳类

观赏类哺乳动物种类繁多,可观赏性很强,但大多被饲养在动物园中,不便和游客直接接触,如狮子、老虎、猿猴、熊猫、长颈鹿、斑马、大象、海豹等。

任务4　园林景观人文要素

一、名胜古迹景观

在景观园林的层面上,名胜古迹指的是有很高艺术价值、纪念意义的古代遗迹、名园、风景区等。我国名胜古迹很多,包括古代建设遗迹、古建筑、古代陵墓、古工程、古战场等。

(一)古代建设遗迹

古代建设遗迹通常指古城、古镇、古街道、古桥梁等,有的开辟为旅游景点、旅游城市,有的则开设陈列馆,其中古城(见图 3-26)、古镇属于众多古建筑的聚落。

图 3-26　四川阆中古城

(二)古建筑

世界上大多数国家都有历史上遗留下来的古代建筑。我国的古建筑历史悠久,形式多样,结构严谨,空间巧妙,是大型景园、城镇的重要组成元素。古建筑主要分为五大类,即古代宫殿、宗教与祭祀建筑、亭台楼阁、名人居所和古代民居。

1. 古代宫殿

古代的帝王为了突出皇权、巩固统治,会耗费大量人力物力来修建规模宏大、气势雄伟的宫殿来获得精神和物质方面的享受。时至今日,这些古代帝王宫殿已经成了吸引游客的重要景观。我国的古代宫殿规模宏大,保存完整,如北京故宫(见图 3-27)、拉萨布达拉宫(见图 3-28)。

图 3-27　北京故宫

图 3-28　拉萨布达拉宫

2. 宗教与祭祀建筑

宗教建筑是为宗教信仰服务的建筑,如峨眉金顶(见图 3-29)等,其种类繁多,因服务的宗教不同而有不同的称呼和风格。例如,道教建筑称宫、观;佛教建筑称寺、庙、庵;基督教建筑称教堂;伊斯兰教建筑称清真寺。

祭祀建筑则因其功用不同而名称有区别:纪念死者的称太庙、祠堂;纪念生者的称生祠、生祠堂;祈求神灵保佑的称祭坛。

3. 亭台楼阁

亭台楼阁为景观园林中的重要组成建筑,因其功能、造型、在园林中的地位、设置区域不同而有不同的名称。它可同时满足人们享受生活和观赏风景的需求。中国古典景观园林中,亭台楼阁一方面要可行、可观、可居、可游,另一方面起着点景、隔景的作用,既要使园林移步换景、渐入佳境、以小见大,又要使园林显得自然、淡泊、恬静、含蓄。苏州沧浪亭就将这些作用较好地体现了出来,如图 3-30 所示。

图 3-29　峨眉金顶　　　　　　　　　　　图 3-30　苏州沧浪亭

4. 名人居所

名人居所为古代、近代历史上遗留下来的名人居住过的建筑,有较高的文化纪念意义和历史研究价值,大多开发为纪念馆。

5. 古代民居

我国地大物博、幅员辽阔,是个拥有众多民族的国家。自古以来,在我国供人们生活工作的建筑就丰富多彩,各有特色。这些建筑不仅可以在各类仿古小镇中见到,很多园林也将其引入作为景观。我国现今保存的古代民居形式多样,如川西民居(见图 3-31)、北京四合院(见图 3-32)、延安窑洞、秦岭山地民居、新疆土拱、蒙古包、客家土楼(见图 3-33)、羌寨碉楼(见图 3-34)等。

(三)古代陵墓

陵为帝王的墓葬区,墓为名人的墓葬区。很多陵墓设有神道、墓碑、华表、阙等附属建筑。神道,即神行之道,乃引棺入墓之道,立于神道旁的石碑则为神道碑,上多凿刻文字,记录墓主人姓名、身份、生前功勋事迹以及立碑人姓名、身份。华表为刻有花纹的装饰石柱,立于墓前。

图 3-31　川西民居

图 3-32　北京四合院

图 3-33　福建客家土楼

图 3-34　羌寨碉楼

(四)古工程、古战场

虽然古工程、古战场本身并不属于景观园林,但在今天,它们当中的很多都被开发成了旅游区,因此也同样具有了景观园林的功能,如长城、都江堰、赤壁古战场等。

二、文物艺术景观

文物指历代遗留下来的在文化发展史上有价值的东西,如建筑、碑刻、工具、武器、生活器皿和各种艺术品等。在景观的层面上,文物侧重于指石窟、壁画、碑刻、雕塑、假山、名人字画、特殊工艺品等文化艺术制作品和古人类文化遗址、化石。

(一)石窟

石窟堪称文化与艺术的综合宝库,其中包含大量佛经、佛像和佛教壁画。石窟原是印度的一种佛教建筑形式。佛教提倡遁世隐修,因此僧侣们选择崇山峻岭中的幽僻之地开凿石窟,以便修行之用。中国四大石窟为甘肃敦煌莫高窟(见图 3-35)、山西大同云冈石窟、河南洛阳龙门石窟和甘肃天水麦积山石窟,其中麦积山石窟是现存唯一自然山水和人文景观相结合的石窟。

(二)壁画

壁画是绘制于建筑墙壁上的图画,作为建筑物的附属部分,它的装饰和美化功能非常重要。古代壁画大多以宗教故事或吉祥图案为内容,主要存在于各类寺庙、陵墓和宫殿中,如图3-36 所示。世界上著名的壁画包括绘于中国的莫高窟、永乐宫、岩山寺的壁画,意大利的西斯廷大教堂壁画、圣玛利亚德尔格契修道院壁画等。

图 3-35　敦煌莫高窟

图 3-36　宗教壁画

(三)碑刻

碑刻是凿刻在石碑上的文字和图案,一般以文字书法为主。在我国不同朝代,碑刻内容常有区别。摩崖石刻是凿刻在山崖上的文字,其中泰山摩崖石刻是最著名的。

图 3-37　乐山大佛

(四)雕塑

雕塑是指用各类可塑材料(如泥)或硬质材料(如石、木、金属)制作出的各种艺术形象。我国古代雕塑多以各类宗教神像(见图3-37)和珍禽异兽为主,也有部分带有纪念意义的名人形象,大多保存在各类道观、佛寺和石窟中。

(五)楹联和字画

中国古代园林又称文人园,其原因在于中国人造园林向来追求诗情画意,园中常随处可见各类诗词楹联和文人字画。楹联是指门两侧柱上的竖牌(见图3-38),字画则一般特指中国画。

(六)出土文物

出土文物指从地下发掘出来的古代文物,很多出土文物本身就是工艺品,其艺术价值和历史价值很高,如兵马俑(见图3-39)、北京明十三陵。

图 3-38　楹联

图 3-39　兵马俑

三、民间习俗与节庆活动

民间习俗,即民俗,指一个国家或民族中广大民众所创造、享用和传承的生活文化。它起源于人类社会群体生活的需要,在特定的民族、时代和地域中不断形成、扩大和演变,为民众的日常生活服务。民俗风情主要包括习俗节庆、民族歌舞、民间技艺、民族服饰和神话传说等。

(一)习俗节庆

习俗节庆活动是在固定或不固定的日期内,以特定主题活动方式,约定俗成、世代相传的一种社会活动,如端午赛龙舟(见图 3-40)、吃粽子,傣族泼水节(见图 3-41),圣诞节、感恩节等。

图 3-40　端午赛龙舟

图 3-41　傣族泼水节

(二)民族歌舞

各地不同民族的歌舞也是重要的人文景观,如我国的北方秧歌、维吾尔族舞蹈、傣族孔雀舞,夏威夷草裙舞(见图 3-42),西班牙弗朗明戈舞。

（三）民间技艺

传统的民间手工技艺是人类文化的基本内容之一，体现了民族传统科学技术观念、传统价值观念和审美观念。民间技艺展示多以各类民间工艺品为主，如四川蜀绣、西藏藏银、彝族漆器等。

（四）民族服饰

民族服饰指一个民族的传统服饰，可形象地反映当地的文化生活。不同民族基于生存环境、习俗文化等的差异，其服饰的发展变化也不尽相同，如中国藏族服饰（见图 3-43）、苗族服饰，印度纱丽，朝鲜韩服，日本和服（见图 3-44）等。

图 3-42 草裙舞   图 3-43 中国藏族服饰   图 3-44 日本和服

（五）神话传说

神话传说多以民间故事为主，或与当地信仰的宗教有关，是民族和国家的宝贵精神财富，在文学史上有着很重要的地位，具有很高的艺术和历史价值。它的题材内容和包含的神话人物对历代文学创作及各民族史诗的形成具有多方面的影响。

四、地方工艺、工艺观光以及地方风味风情

人们生活与生产劳动也是不可缺少的人文景观要素，包括众多生产性观光项目及各地名优特产和风味食品。生产性观光项目包括各类果木种植、动物水产养殖及捕捞等；名优特产种类繁多，苏杭的丝绸、刺绣，东北新"三宝"——人参、鹿茸、貂皮，云南剑川的木雕都驰名海内外；风味食品则更吸引人，如淮扬、粤、川、鲁四大菜系中的各种菜肴，各类小吃，北京烤鸭、金华火腿、四川串串、傣族竹筒饭、藏族酥油茶等。

思 考 练 习

1. 景观园林艺术的造型规律有哪些？具体应如何应用在实际设计中？
2. 中国四大石窟有哪些？中国古典园林中的"一池三山"指的是什么？
3. 调查家乡的人文景观，并搜集相关资料，制作 PPT 格式文稿在课堂上分享。

项目三
园林景观设计方案构成要素

教学要求

　　本章介绍园林景观构成要素,使读者了解和掌握园林景观构成要素以及这些园林景观构成要素的设计法则,并能够熟练运用这些构成要素完成园林景观效果图的初步设计。

　　另外,读者通过对园林景观各类构成要素的具体了解和分析,可以了解现代园林景观中各类构成要素的基础性、重要性和连续性,掌握要素之间的相互配合和相互作用的知识,从而为做出优秀的园林景观设计奠定基础。

能力目标

　　1.准确掌握园林景观地形的概念及相关知识。

　　2.准确掌握园林景观水体的概念及相关知识。

　　3.准确掌握园林景观植物的概念及相关知识。

　　4.准确掌握园林景观建筑的概念及相关知识。

　　5.准确掌握园林景观园路及场地的相关概念及知识。

　　6.准确掌握园林景观设施的相关概念及知识。

知识目标

　　1.掌握地形的类型、功能和作用。

　　2.掌握地形的设计原则。

　　3.掌握水体的类型和要素。

　　4.掌握水体的功能作用。

　　5.掌握园林植物的分类和功能作用。

　　6.掌握园林植物的种植设计形式和设计的规则。

　　7.掌握园林建筑的分类。

　　8.掌握园林建筑的功能作用。

　　9.掌握园林园路和场地的功能与性质。

　　10.掌握园林园路和场地的设计原则。

　　11.掌握园林设施的类型和功能作用。

　　12.掌握园林设施的设计原则。

素质目标

　　1.使读者具备园林景观设计的初步能力。

　　2.提高读者对园林景观规划设计的鉴赏能力。

　　3.加强读者对风景园林师职业的认识。

　　4.培养读者的创新意识和敬业精神。

人们利用各种自然和人工的要素可以创造和安排室外空间以满足人们的需要,这些要素包括地形、水体、植物、建筑及各类园林设施等。本章将对这些要素的特点、功能、作用及设计原则进行简要介绍。

任务 1　园林景观地形

园林景观设计中将所有由于地理运动而表现为起伏状态的地面形态称为地貌。常见的山地、丘陵、高原、平原、盆地等可以称为地貌。在地质测量学中将地面上分布的固定物体称为地物,如人工的地物——居民区、道路等,自然的地物——江河、森林等。在园林景观规划设计中,地形是地貌和地物的统称。

一、地形的功能和作用

(一)地形的实用功能和作用

地形是风景园林设计的基础,是园林景观的骨架,其他设计要素都在某种程度上依赖于地形而相互联系。地形的实用性功能和作用主要体现在以下四个方面。

1. 具有骨架作用

地形是各个园林设计要素的载体,为之提供赖以存在的基面,如平地地形、山地地形及山水地形(见图4-1)。中国传统的古典自然山水园林就是利用起伏多变的山水地形进行空间构建和建筑布局的;英国的自然风景园则以开阔的草地、河、湖作为园林景观的载体。

2. 解决园林景观功能要求

园林景观中活动内容很多,景色也要求丰富多彩,地形应满足各种要求。例如,有人集中的地方和能够停放汽车的场所要平坦(见图4-2);登高远眺要有山岗高地;休闲、散步需要坡度不大。

图4-1　山水地形

图4-2　平坦的停车场

3. 改善种植和建筑物条件

利用地形起伏改善小气候,有利于植物生长并能提供干、湿场所,还能通过阴阳、缓陡等多样性环境地形调节建筑物采光、周边温度和环境,如图 4-3 所示。

4. 解决排水问题

可利用地形排除雨水和各种人为的污水、积水等。利用地形排水可节约地下排水设施。地面排水坡度的大小,应根据地表情况及不同土壤结构的性能来决定。

(二)地形的美学和空间构成作用

园林景观设计应满足园林对功能的各种要求,并使园林地形、植物和建筑和谐统一。园林地形不仅具有实用性作用,还具备美学上和空间构成上的作用,体现在以下三点。

1. 美学和观景功能

建筑、植物、水体等景观常常以地形作为依托。凸、凹地形的坡面可作为景物的背景,通过视距的控制可保证景物与地形之间具有良好的构图关系(见图 4-4)。同时,优秀的地形设计可以创造良好的观景条件,可以引导视线。在山顶或者山坡可以俯瞰整体景观;位于开敞地形中可感受丰富的立面景观形象;狭窄的谷地能够引导视线,强化近端景物的焦点作用。

图 4-3 多样性环境地形

图 4-4 景观以地形作为依托

2. 分隔空间

不同地形可通过控制视线来构成不同空间类型。利用地形可以有效地、自然地划分空间,形成不同功能或不同景色特点的区域,如图 4-5 所示。地形还能使空间和空间之间自然地过渡,形成既和谐统一又有区别的景观特点,所以,地形在园林景观中的分隔作用非常重要,任何人工产物都无法替代。

3. 控制视线

地形在景观中可以起到视线引导的作用,它能将视线引导到某一特定的景观和物体上,影响某一固定点的可视景物和可见范围,能将景观组合成可连续欣赏的序列(见图 4-6)。

图 4-5　利用地形分隔空间

图 4-6　利用地形控制视线

二、地形的类型

地形指的是地物形状和地貌的总称,具体指地表以上分布的固定性物体共同呈现出的高低起伏的各种状态。地形因为起伏和形状的不同可划分为平坦地形、坡地、山地、谷地等。它们有不同的特点。

(一)平坦地形

平坦地形是指地形的基面与视觉的水平面基本平行的地形,为了有利于排水,一般要保持 0.5%～2% 的坡度。平坦地形具有统一协调景观的作用,有利于植物景观的营造和园林建筑的布局,同时便于开展各种室外活动。平坦地形泛指看上去水平的地面。有微小起伏的地形、有轻微坡度的地形也可以看作平坦地形(见图 4-7)。

图 4-7　平坦地形

(二)坡地

坡地是指倾斜的地面(见图 4-8),因地面倾斜的角度不同,可以分为缓坡、陡坡两种。缓坡是坡度为 3%～10% 的坡地,常见于平地与山体的连接处、临水处等,能够塑造变化的竖向景观,同时还可以开展一些室外活动。陡坡一般是指坡度大于 12% 的倾斜地形,便于人们欣赏低处的风景。陡坡上可以设置观景台,但一般不能作为游戏活动的场所。

(三)山地

山地(见图 4-9)与地面的坡度一般大于 50%,包括自然山地和人工堆山叠石。按照山地的主要构成材料,可以将山地分为土山、石山和土石混合山,其中土山可以利用园内挖湖的土方堆置形成,其上可植树种草。

图 4-8　坡地

图 4-9　山地

一般山地又可以分为观赏山和登临山,有主山、次山、客山之分。山地可以在园中作为前景、障景和隔景等。

三、园林地形的设计原则

园林的规划和设计需要结合园林的地形、植物、功能等进行,园林的整体设计理念必须整合地形、植物、功能等元素。当园林的地形对各种元素的整体协调性具有影响,原有的地形无法满足整体的设计理念时,需要对园林加以改造和设计。在园林改造和设计中必须遵循以下四项原则。

(一)因地制宜

园林地形是园林规划设计的核心要素,所有的景观要素都需要以地形为基础进行规划和设计。因地制宜的原则主要体现在进行园林规划设计时,要以利用原有的地形地貌为主要原则,以改造为主要手段。

(二)同时满足园林功能需求和保证园林美观

园林是为人类服务的,园林应以优美的环境来丰富游人的活动,所以在地形设计中,应创造出各种特性的地形地貌,使园林空间形成丰富的景观层次,使园林布局在具备功能性的同时又美不胜收。

(三)符合园林工程的要求

园林景观在满足使用功能和美观要求的同时,还必须满足园林工程的施工要求,因为这些施工要求决定了园林是否坚固耐用,而且还决定了园林的安全性。园林工程在坡度上有许多要求,以避免各种问题,如园林广场排水坡度不够、坡度过高导致游人摔伤、岸坡过高造成坍塌事故等。

(四)创造适合园林植物生长的环境

不同的园林地形适合不同植物生长,因此,为使园林植物的多样性得以保存发展,各种类型的植物应根据园林景观需要,在园林中适宜的环境里配置,或与园林其他设施和元素结合种植,创造出不同风格、不同趣味的园景。在地形与植物的搭配上,还应注意保护古树名木,应将古树名木种植到地形较高处,以免树木遭到破坏。

任务 2　园林景观水体

　　水是风景园林设计中变化较多的要素,它具有多种形态,如规则的水池、静态的湖泊、动态的瀑布喷泉等,是景园造景的重要因素之一。东西方的园林景观都将水作为不可缺少的内容:东方园林水景崇尚自然的情境,以山水为特色,水因山转、山因水活;西方园林水景则崇尚规整华丽。各具创意。

一、水体的类型

(一)按形式分类

　　水体按形式不同可分为自然式水体、规则式水体及混合式水体。

　　自然式水体是指保持天然的或经过后天改造仍模仿天然形状的河、湖、涧、泉、瀑等。此类水体在景园中随地形变化而变化以适应园林的需要。自然式园林中常采用这类水体,如中国古典园林、英国自然风景园及现代城市公园。规则式水体是指人工开凿成的具有规则几何形状的水面,如运河、水渠、方潭、圆池、水井及几何形状的喷泉、瀑布等。西方古典园林中常常采用矩形或圆形的水池、水盘或水钵等,城市的开放空间也常采用规则式水体,从而与周边硬质环境取得统一。混合式水体是指园林中既有自然式水体又有规则式水体,此类水体因园林规划设计中的因地制宜原则而大量地出现在园林中。

(二)按水流状态分类

　　按照水流的状态可以将水体分为静态水体和动态水体。静态水体(见图 4-10)可映出倒影,激滟的水光给人明洁、清宁、开朗或者幽深的感受,如景园中的湖、池、潭、井等。动态水体(见图 4-11)有喷泉、瀑布、水柱、溪流等。

图 4-10　静态水体

图 4-11　动态水体

(三)按功能分类

水体按功能可分为观赏水体和开展水上活动的水体。观赏水体(见图 4-12)比较小,主要为构景之用,可以设置岛、堤、桥、点石、雕塑、喷泉、落水、水生植物等,岸边可以做不同处理,构成不同景色。开展水上活动的水体,一般水面比较大,有适当的水深,水质好,兼具活动功能与观赏功能。

二、水体的构成要素

(一)自然水景

与天然的江、湖、海、河、溪流相关联的水景为自然水景(见图 4-13)。这类水景和大自然原有的生态系统有着紧密的联系,所以在设计时要严格遵从自然生态规律,必须正确利用借景、对景等手法,充分发挥自然条件,形成纵向景观、横向景观及鸟瞰景观。

图 4-12　观赏水体

图 4-13　自然水景

(二)瀑布

瀑布(见图 4-14)按其跌落形式分为花落式、阶梯式、幕布式、丝带式等。为了引导水的流向,设置瀑布的背景时可采用天然石材或仿石材,但为了保证观赏效果,不宜采用平整饰面的花岗石或大理石做墙面或坡面处理。在设计中,为了保证瀑布能按照规划设计平稳均匀跌落,应对落水口山石做卷边处理,或对墙面做坡面及缓冲处理。

(三)溪流

溪流的形态小巧,分为可涉入式和不可涉入式(见图 4-15),一般应根据其类型和环境条件对水量、流速、水深、水面宽度和施工材料进行合理的设计。可涉入式溪流的水深应小于0.3 m,以防止儿童溺水,同时水底应进行防滑处理,并且定期进行水质检测和净化处理;不可涉入式溪流应种植水生植物,饲养观赏性鱼类,增强水体的观赏性。

图 4-14　瀑布

图 4-15　不可涉入式溪流

（四）驳岸

驳岸（见图 4-16）是水体与陆地形成的线形景观，它是水景中十分重要的组成部分。驳岸与水体形成的连续线形景观必须与环境相协调，并形成优美自然的线条。设计驳岸时，必须控制好驳岸与水面的高差，以满足人的亲水性需求。驳岸应尽量贴近水面，满足人手触摸水面的要求。如果水体过深或驳岸过高，应安装护栏、平台等安全设施。

（五）生态水池和涉水池

生态水池（见图 4-17）是供人观赏的池类水景，这种水景一般种植大量观赏性水生植物，饲养观赏性鱼类，创造出具有生机和层次感的自然生态景观，并营造出动植物互生互动、和谐共生的局部小环境。生态水池的深度应满足鱼类和水生植物生存所需，一般设定在 $0.3 \sim 1.5$ m。为了防止陆上动物侵扰池中鱼类和植物，池边平面与水面需保证至少有 0.15 m 高差。较浅的水池池底可做艺术处理，以使其清澈透明，增强其观赏性。

图 4-16　驳岸

图 4-17　生态水池

涉水池分为水面下涉水池和水面上涉水池。水面下涉水池主要供人们涉水嬉水，其深度一般小于 0.3 m，池底一般铺设防滑砖，不宜种植苔藓类植物。水面上涉水池主要安设安全可靠的踏步平台和踏步石头，平台和石头尺寸一般不小于 0.4 m×0.4 m，以保证涉水人员安全。

（六）庭院水景

庭院水景是人工造景中一个重要的门类。设计庭院水景必须根据庭院空间的特点，采取各种手法引水造景，一般会对场地中的自然水体进行改造利用，综合设计自然水景和人工水景，使之相协调并融为一体。庭院水景中也常常出现其他水景元素，如溪流、瀑布、涉水池等。庭院水景一般小巧别致，和居住建筑巧妙融合，以营造居住的氛围。

（七）喷泉

喷泉是一种靠喷射的水流营造意境的水景，它完全靠人工设备制造，所以射流控制是设计喷泉的关键。一般情况下，喷流设备可以通过调节流量、方向和喷射速度控制射流。喷泉结合灯光可营造出各种氛围。

三、水体的作用

园林景观中的水体有以下五个作用。

（一）统一作用

水面作为景观基底时，可以统一许多分散的景点。例如，在苏州拙政园和杭州西湖中，众多的景点均以水面作底，形成良好的图底关系，从而使景观结构更加紧凑。

（二）连接作用

水体可以连接不同的园林空间，避免景观分散。例如，扬州瘦西湖景区就以瘦西湖作为联系纽带，将各个分散的景点联系起来，从而形成幽美的景观序列。

（三）景观焦点作用

一些动态的水景，如瀑布、喷泉、水帘和水墙等，其特殊的形态和声响常常引人注意（有时结合环境小品），从而成为景观的焦点。

（四）改善环境作用

水体可以改善环境，如蓄洪排涝、降低气温、调节小气候、降低噪声、吸收灰尘等。

（五）实用作用

水体可以养殖水生动物和种植水生植物，还可以为人们提供垂钓、游泳、戏水、泛舟等各种娱乐活动的场所。

四、水面的分隔与联系

园林水景造景时常常使用岛、堤、桥等元素，对大面积水面进行分隔，形成多个具有特定属性的水景区域，如杭州西湖以苏堤、白堤、湖心亭、三潭印月将湖面分隔成不同的空间。在水面的分隔与联系中，岛、堤、桥起了十分重要的作用。

（一）岛

岛（见图4-18）可以在园林水景中作为分隔水面空间的工具，将水面划分为若干不同特点的空间。虽然岛将水面整体空间划分开来,但是水的整体性没被破坏。大块的水面被岛分隔以后,水面空间层次感增加,原有的单调被打破。同时,岛本身是一块被水围绕的高地,是欣赏周遭景色的绝佳地点,也是活动休闲的极好场所。

(二)堤

堤可以作为划分空间的工具,也可以作为游览通道,同时,堤横切于水面,和水面形成了绝佳的搭配,是园林水景中十分重要的风景。堤上的树木因为具有遮挡作用可以增加分隔的效果。堤(见图4-19)横切于水面,与湖面和驳岸形成了水平和垂直的线条,使景色产生了连续和分隔。这种具有对比性的韵律,使园林水景增色不少。

图 4-18　岛

图 4-19　堤

(三)桥

桥(见图4-20)在水景中起到了联系两岸和分隔水面的作用,同时,桥是一种非常重要的景观,它能使水面被分隔(但不是完全分隔)仍保持连续性。园林水景中的桥有着十分丰富的造型,如曲桥、平桥、拱桥、廊桥等。桥一般建在水面较为狭窄的地方,桥的形态一定要与周遭建筑相协调和呼应。

图 4-20　桥

任务3　园林景观植物

植物具有生命活力,可以使环境变得充满生机和具有美感,是景观中最富于变化的因素。植物具有观赏价值,可以软化建筑空间,为单调的城市硬质空间增添丰富的色彩和柔美的姿态。植物可以充当构成要素来构建室外空间,遮挡不佳景物,还可以调节温度、光照和风速,从而调节区域小气候,缓解许多环境问题。

一、常用园林植物的分类

(一)乔木

乔木(见图4-21)是指树高在5 m以上,具有明显木本主干的树木。乔木按高度可以分为大乔木(20 m以上)、中乔木(8～20 m)和小乔木(5～8 m);按生活习性可以分为常绿乔木(针叶、阔叶)和落叶乔木(针叶、阔叶)。

(二)灌木

灌木(见图4-22)是指无明显主干、呈丛生状态、通常低于5 m的木本植物。灌木有许多的形态,如在地面以下或近根茎处分枝丛生的丛生灌木,主干低、地面枝条直立的直立灌木,地面枝条拱垂的垂枝灌木,枝条呈匍匐状的匍匐灌木等。灌木对空间的分隔作用与墙基本相当,对噪声之类的干扰有较强的隔离作用,且其生长速度快,移植容易,便于尽快实现设计效果。起隔景作用的灌木以常绿树为好,枝条开张角不宜过大。灌木也可作地被和花卉的背景。常见的灌木有桂花、栀子、小叶黄杨、石楠等。

图4-21　乔木

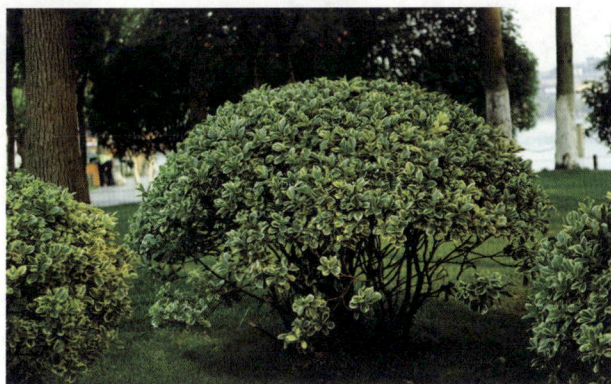

图4-22　灌木

(三)地被植物及草本植物

地被植物是茎、枝、杈和根均在地面横向生长的植物,可覆盖地面、保持水土,一般高度在0.3 m以下,主要为木本植物,也有宿根草本植物,还包括一些蕨类植物。有些藤本植物和匍匐灌木可作地被植物用。地被植物主要用于联系和统一较大体量的植物,特别是当这些植物相互之间差异较大时,地被植物所起的作用就如同乔木行道树在巨大建筑物之间所起的作用一样。

草本植物分为草坪植物和草本花卉。草坪植物主要是禾本科植物,常见的有运动场草坪植物、观赏草坪植物和绿地草坪植物。草本花卉分为一至两年生花卉和多年生花卉,一般花色鲜艳,具有极强的观赏性,如一串红、金盏花、大丽花、芍药(见图4-23)、美人蕉等。园林中常见的观赏性花卉植物都属于草本花卉。

(四)藤本植物

藤本植物也称攀爬植物,主要是缠绕性植物,是多年生木本植物上常见的、有缠绕茎的植物。藤本植物主要用于园林景观的花架、廊道、桥头等处。常见的藤本植物有常春藤、爬山虎等。

二、园林植物种植设计的形式

(一)规则式种植

规则式种植主要用于气氛严肃的纪念性景观园林、中轴对称的传统广场和一些建筑中心或庭院中心,如西方古典园林中的刺绣花坛(见图4-24)。现代城市开放空间的景观设计也常运用规则式种植以增强空间感,形成与城市硬质景观统一协调的景观效果。

图4-23　草本花卉(芍药)

图4-24　规则式种植(刺绣花坛)

(二)自然式种植

非中心对称的园林景观没有明显的对称轴线,植物不能规则地成行、成列种植,种植形式应活泼自然。自然式种植追求自然界的植物生态之美,所以树木不做任何修剪,自然生长,种植方式以孤植、群植、丛植、林植为主要形式,一般和有起伏的地形结合采用,并搭配山、水,创造出具有强烈自然生态感的园林环境。中国传统园林和英国自然风景园常常采用这种种植模式(见图4-25)。

(三)混合式种植

许多园林由规则式和自然式种植混合交错而成,这种种植方式称为混合式种植(见

图 4-26），多用于部分景观有对称轴线且地形不规则的园林。

图 4-25　自然式种植（英国自然风景园）

图 4-26　混合式种植

三、园林植物种植设计的规则

园林植物种植设计就遵从总体规划设计方案要求，以场地的自然条件为依据，且应符合相关政策、法规与规范的要求。

（一）总体规划设计方案

园林植物种植设计必须依据总体规划设计方案和全局创作立意，然后再根据现场实际情况，合理选择植物种类进行配植。

（二）场地的自然条件

园林场地的自然条件包括很多方面，其中植被、土壤、温度、湿度、气象、降水量、污染情况和周边人文资料等是重要的条件依据。

（三）政策、法规与规范

园林植物的种植还需依据国家对城市的总体规划及所在城市的规划详案、城市绿地系统规划、园林绿化法律法规，参照园林规划设计行业的规划设计规范及绿化施工规范等进行。

四、园林植物的功能

园林植物主要有以下三个功能。

（一）构建空间功能

植物在构成室外空间时，如同建筑物的地面、天花板、墙壁、门窗一样，是室外环境的空间围合物。植物可以利用其树干、树冠、枝叶控制视线，围合成较私密空间，从而起到构建空间的作用。在室外环境中，植物如同门窗，可以引导人进出与穿越各个空间，引导或者组织视线；可以缩小或扩大空间，形成欲扬先抑的空间序列；可以增强或削弱地形变化；可以通过围合和连接，改善由建筑构成的空间。

（二）观赏功能

植物的观赏功能主要反映在植物的大小、外形、色彩、质地等方面。

（三）生态功能

植物的生态功能主要是指植物具有净化空气、水体和土壤，改善城市小气候，降低城市噪声等作用。

任务4　园林景观建筑

在风景园林中，景园建筑既能供人们使用，又能与环境组成景致。

一、园林建筑的分类

图4-27　亭

园林建筑按传统形式分为亭、台、楼、阁、廊、榭、架、舫、厅等，用以满足园林的功能要求，组成游览路线及风景画面，并能通过建筑布局对空间进行围合、限定，以供游人休息、娱乐之用。现代园林中最常见的建筑是亭、廊、榭、架。

（一）亭

亭（见图4-27）是园林中最常见的建筑，主要的作用是供游人休息、遮阴、避雨，还有一些亭是纪念性建筑（名胜古迹）或标志性建筑。亭最早出现在我国周朝，在春秋战国时期有了"亭"这个统一的名称。魏晋以后，亭被发扬光大，数量增多，并逐渐用作人们观景中的游览、休息场所。在园林中，亭的形式、尺寸、色彩和人文内涵等应与周围的环境相适应、协调。亭的宽度一般为2.4～3.6 m，高度宜为2.4～3 m，立柱间距宜为3 m左右。

亭有两大方面的功能，即"景观"和"观景"。亭既是一种园林中的景观，又起到辅助游人在其中观景的作用。

从建筑学的景观构成上讲，亭和其他的园林建筑一样，常常成为游人视线的焦点，并且亭往往造型优美、形式多变，因此常被当作重要的点景手段，用于组合、优化景观，例如，在山水、树木与花草之间放置一亭，往往会带来非常优美的意境。

在园林景观中，有许多为了特定的目的而建造的亭，如名胜古迹、纪念亭、井亭、碑亭；现代社会中亭又被赋予了更多功能，如邮报亭、茶水亭等。

亭的常见布局形式有以下三种。

1. 平地建亭

平地建亭时,亭有的设于路口,有的设于竹下、花间、林下,有的和建筑小品搭配设置,相映成趣,还有的设置在园林景区的园路旁边,作为引导或点缀。不管怎样设置,平地建亭(见图4-28)必须和周围的环境统一、协调,以形成优美的园林景观。

2. 山地建亭

根据景观的构景需要,在山顶、山脊等视野开阔的地方也会建亭,这样可以方便游人观看景区风景,而且可以改善山的线条和轮廓,增添景区趣味性。(见图4-29)

图4-28　平地建亭

图4-29　山地建亭

3. 临水建亭

水面是最能突显园林意境的地方,也是构成各种风景画面不可缺少的元素。在水边设置亭,一方面可以满足游客观景的需求,另一方面此处的亭又可以作为水面景观的一部分,起到构景作用。水面上的亭与周围的景色配合,可丰富水景效果,营造出意境。(见图4-30)

(二)廊

廊(见图4-31)是指建筑前后的出廊,是一种引导型的建筑,即室内外的过渡空间,是连接建筑的有顶建筑物,可供人赏景、行走、停留或休息。廊本身也作为一种景观存在,同时,由于它一般是长条形,也经常作为划分空间、分隔空间的工具使用。廊作为园林中休息、赏景的建筑,是建筑群的组成部分,是一种多功能建筑。

廊根据造型和结构形式可分为以下五种。

(1)单面半廊:一面开敞,一面沿墙设各式漏窗门洞。

(2)双面画廊:无柱无墙。

(3)复廊:廊中设有漏窗墙,两面都可通行。

(4)暖廊:北方常见,在廊柱间装花格窗扇。

(5)层廊:常用于地形变化之处,联系上层建筑。

图 4-30　临水建亭

图 4-31　廊

(三)榭

　　榭是建在平台上、挑出水面以观览风景的园林建筑,园林中的榭一般指水榭(见图 4-32)。水榭的立面开敞,造型简洁,与环境融为一体。

　　古典园林中水榭的基本形式:在水面架起一个平台,平台一半伸入水中,一半架于岸边,平台四周以低平的栏杆围绕,平台上建木结构的单体建筑,建筑一般整体为长方形,朝向水的一面是开敞式的结构,屋顶一般做成卷棚歇山式样,檐角低平轻巧。现代园林中,水榭在功能上有了很多新内容,形式上也有了很大变化,但是基本特征没有改变。

　　水榭的常见结构形式分类如下:

　　(1)按临水面的多少进行分类,有一面临水、两面临水、三面临水、四面临水等形式。

　　(2)按平台结构进行分类,有实心平台、悬空平台、挑出平台等形式。

(四)架

　　园林中的架一般指花架(见图 4-33)。花架是一种用植物做顶的建筑,植物是其很重要的元素,它可以依托植物形成灵活多变的造型。例如,伞形花架具有亭、榭的特点,而沿道布置的线形花架则具有廊的特征,也正是因为这样,花架兼具亭、廊、榭三类园林建筑的特点。花架又是所有园林建筑中最特别的一种,它可以和攀缘植物完美地融合在一起,实现植物和建筑完美、自然的统一,符合现代社会所倡导的回归自然的理念,因此花架的应用在现代园林中十分普遍。

图 4-32　水榭

图 4-33　花架

花架的形式主要有以下四种。

1. 单片式花架

这种花架是最简单的网格式,其作用是为攀缘植物提供支架,高度可根据需要而定,长度可任意延伸。单片式花架配置的植物以观花植物为主。

2. 独立式花架

独立式花架用混凝土、钢材、铝合金等材料制成,以钢架作为支撑结构,造型非常灵活新颖。

3. 组合式花架

组合式花架是通过植物与其他园林建筑小品融为一体的花架形式。组合式花架造型丰富,组景功能强大,空间划分能力强,通过与建筑小品结合,可弥补花架功能上的缺陷。

4. 直廊式花架

直廊式花架是在柱上架梁,梁上架格栅条或枋,格栅条两端挑出。这种花架又可分为双臂花架、单臂花架、伞形花架等,制成这种花架常用的材料有竹、木、砖、石、钢材、混凝土等。

二、园林建筑的作用

园林建筑具有以下三个方面的作用。

(一)满足功能要求

(1)主要建筑:靠近主园路,并在其前面设计小广场。

(2)休息娱乐建筑:靠近主干道,需要单独设计出路。

(3)陈列室、阅览室等文化欣赏建筑:设在环境优美、安静的地方。

(4)点景游憩建筑:设在有景可观的地方。

(5)服务建筑:设在容易被发现的地方,但不能放在主要造型位置上,需单独设出入口。

(6)厕所:设在隐蔽、方便的地方,一般设在主干道。

(7)园林管理建筑:设在偏僻的地方,单独设出入口。

(二)满足景观要求

建筑物一定要和周围的地形、植物、园林设施、水体、场地相呼应、相协调,和周围的生态环境融为一体,不能格格不入。建筑物在构景的同时,还要能帮助人们观景。

(三)组织游线

一些园林建筑布局巧妙,能够引导游人按照一定游线进行游览,从而获得较好的观景感受,如中国园林中的廊。

任务 5　园林景观道路

　　园林中的园路(见图 4-34),是指绿地中的道路、广场等各种铺装地坪。它是园林不可缺少的构成要素,是园林的骨架和网络。园路的规划布置,往往反映不同的园林面貌和风格。园林场地(见图 4-35)从某种意义上讲,可看作放大的园路。根据功能可以将园林场地分为交通集散场地和休憩活动场地,它们是园林中需重点处理的部分,其休憩、观景功能不容忽视。

图 4-34　园路

图 4-35　园林场地

一、园路和园林场地的类型

(一)园路根据其性质和使用功能分类

(1)主干道:在一般的中小型绿地中,主干道约宽 3 m,有些可宽 4～6 m。

(2)次干道:路宽一般为 2～3 m。

(3)游步道:路宽应满足两人行走,为 1.2～2 m,小径可宽 0.8～1 m。

(二)园林场地根据其性质和使用功能分类

(1)交通集散场地:主要园路交叉口、出入口的放大,以供游人集散。

(2)休憩活动场地:供游人休息、散步或娱乐的场地,可选择性设置长椅、亭、廊、花架、雕塑、花坛、假山、喷泉、园灯、小树丛等。

(3)园务活动场地:进行园务管理的场地,有专用出入口,与苗圃等地方便联系,还要与园林的主要景观保持一定距离,相对独立,既不影响观景,又方便进行园务活动。

(4)纪念性场地:为纪念某些名人或某些事件而修建的广场,包括纪念广场、陵园、陵墓广场等。

(5)商业活动场地:用于集散贸易、购物等的场地,在商业中心区有时以室内外结合的方式把室内商场与露天、半露天市场结合在一起,包括集市广场。

二、园路的设计原则

园路在园林中具有极其重要的引导性,它的设计原则有以下四项。

(一)因地制宜的原则

园路的布局与设计,除了应依据园林工程建设的规划形式外,还必须结合地形与地貌。一般园路宜曲不宜直,贵在合乎自然,追求自然野趣,依山随势,回环曲折;曲线要自然流畅,犹若流水,随地势展开。

(二)满足使用功能,体现以人为本的原则

在园林中,园路设计必须遵循供人行走为先的原则,也就是说,设计园路必须满足导游和组织交通的作用,要考虑到游人在园林内行走的喜好与习惯,以人为本,满足人的需求。

(三)结合园林造景进行布局设计的原则

园路的布局设计要坚持为景观服务,这样才能使园路和其他园林景观元素和谐统一地结合在一起,使整体园林更加和谐,并创造出一定的意境。园路的设计首先要满足园林建筑和景观布景的需求,根据它们的位置进行布置。

(四)规划合理的原则

园林中的园路应形成网状或环状,四通八达。园路的设计要做到目的性强,因景观需要、游人需要而设置道路,不能随心所欲、漫无目的,保证在任何道路都可以找到出口。

三、园林场地的设计原则

园林场地的设计应该遵循以下四项原则。

(一)系统性

现代园林场地是城市开放空间体系中的重要节点。现代园林场地(广场)通常分布于园林入口处、园林核心区域、景观与园林中轴线焦点处等,每个场地应该根据周围环境特征、园林的总体规划的要求,系统性合理布置。

(二)多样性

园林场地是人们享受文明的场所,它反映人群的需求,因此,园林场地的服务设施和建筑功能应多样化,同时将纪念性、艺术性、娱乐性和休闲性很好地融合在一起。

(三)特色性

每个园林场地都有区别于其他园林场地的本质和外部特征,现代园林场地应通过特定的使用功能、场地条件、人文主题及艺术处理手法,将园林元素汇集起来,使其具有独一无二的特色。

(四)完整性

园林场地的完整性包括功能的完整性和环境的完整性两个方面。功能的完整性是指一

个园林场地应有其相对明确的功能,做到主次分明、重点突出;环境的完整性主要从场地环境的历史背景、文化内涵、时空连续性、完整和局部的关系、周边建筑的环境协调变化等考虑。从发展趋势看,大多数园林场地的完整性原则都在向以人为本原则发展。

任务6　园林景观设施

一、园林设施的功能作用

园林是人进行户外活动的场所,舒适美观、人性化的园林环境需要由各类园林设施来营造,这些设施既要满足使用的要求,还要同环境相协调,因此其外形和色彩的选择应当与景观设计统一考虑,此外还应该充分考虑无障碍设计。

二、园林设施的种类

园林设施主要指园林中起支持和辅助作用的各种设施,如电力设施、游乐设施、垃圾处理设施等。园林设施种类繁多,以下为四种常见的重要园林设施。

(一)电力设施

电力设施(见图4-36)是园林中为其他设施提供电力的设施,是园林中非常重要的设施。它包括电源、配电变压器、输配电线路等。电力设施将电力输送到路灯、建筑、广场、游乐设施,为园林的正常运转提供能源。没有电力设施的园林是无法想象的。

(二)室外健身设施

室外健身设施(见图4-37)是在室外安装的固定的、供人们进行锻炼的器材和设施。这种设施在现代公园型的园林中被广泛安设,给人们提供健身、锻炼的场所。

图4-36　园林电力设施

图4-37　室外健身设施

(三)公共厕所设施

每个园林中,在主干道的两旁或其他显眼的位置都设置了公共厕所(见图4-38)。公共厕所可解决游人的生理需要和整理妆容需要,是园林必备的设施。现代园林中,厕所的卫生情况和厕所档次,直接决定了游人对园林的印象。

图 4-38　公共厕所

(四)休憩设施

休憩设施是园林中供游人休息、恢复体力的设施,它包括园椅(见图 4-39)、园凳、休憩平台等,主要设置在园路两旁和主要景点的四周。在园林中需要考虑游人行走路程来设置休憩设施。在园路和景点合理设置休憩设施才能体现园林的人性化。

图 4-39　休憩设施(园椅)

三、园林设施的设计原则

园林设施是满足园林持续运转的需要和游人的各种需求的设施,其设计原则也是以这两项内容为基础,主要体现在以下三点。

(一)科学计划,合理布置

园林设施的设置必须经过科学计算,通过对园林人流量、各景点距离、用电高峰期电量、人体工程学、照明范围等各种因素进行计算,使园林资源合理利用,也使园林的各项功能正常发挥。

(二)以人为本

园林的各项设施要满足游人的需求,必须按照游人活动的路径来安排,要考虑游人的活动规律和在不同环境的不同需求。例如,路灯的安设需要考虑游人的视觉范围和视觉习惯,对园椅、园凳、休憩平台的安设必须考虑游人的行走习惯和体力因素。通过以人为本的方式进行园林设计,才能使园林人性化,真正服务于人。

(三)结合园林造景进行布局设计

园林中的各种设施也是园林景观的一部分,必须和其他园林景观相协调,因此其造型和元素必须考虑到园林造景的理念和景观的特点。另外,园林设施是园林景观的辅助性设施,它必须服务于景观,为景观提供支持,所以园林设施必须综合考虑园林造景特点进行布局设计。

─────────── 思 考 练 习 ───────────
○　　○　　○　　○　　○

1.简述地形种类及其特点,并根据地形的知识谈谈中国古典园林中地形造景的特点。

2.哪一种园林植物经常被使用在花架上?试述其特点和用法。

3.园路是整个园林联系的纽带,它的设计应该遵循什么原则?园路和广场在设计时存在怎样的关系?

项目四
景观细部方案设计要素

教学要求

读者认真学习本章内容后，可以理解其中比较生涩难理解的内容，并综合运用所学知识进行细部景观设计。

能力目标

完成基本的细部景观设计。

知识目标

熟知细部景观设计的基本概念、空间的基本概念、人体工程学、环境心理学、设计艺术法则等知识内容。

素质目标

提高读者的职业素质，使读者掌握专业综合知识，培养读者的创新能力。

任务 1　细部景观设计

一、细部景观设计概述

随着经济的飞速发展,城市建设正在如火如荼地进行,全国各城市为了改变城市面貌都在大兴土木。城市景观设计就在这样的建设大潮中蓬勃发展起来,整个景观市场呈现出一片欣欣向荣的景象,然而城市景观无论在设计还是在施工的各个环节,都出现了不能尽如人意的问题。最为突出的是,细部景观设计在各个环节中处于被人忽视的地位。究其原因,一方面是设计师设计不到位,施工单位水平有限,另一方面是存在资金限制和利益的冲突,相关人员放弃了对于细部质量的把控,忽略了对细部的后期维护等。

"细部"是一个相对的概念。例如,对于一个城市来说,公园、街区、建筑等都是其细部,而对于该城市中的公园来说,公园内的各个景区又成为公园的细部,各景点又成为景区的细部,一些主要景观标志物又成为景点的细部,材质、颜色、工艺等又成为景观标志物的细部,以此类推,最后形成一个完整的细部层级网络,城市中的每一个细部都为该网络中的一个层级因子。每一个城市景观都是由许多细部景观构成的,如图 5-1 所示。

图 5-1　城市景观整体与细部

二、细部景观设计的概念与范畴

景观是造景的艺术。景观设计中无论是整体规划、空间构成,还是园艺绿化或小品设施,唯一的目的就是给人类创造适宜的环境。细部景观设计的过程是设计过程总体的一部分,景观细部需要设计,而不是事后添加或者装饰。也就是说,细部景观设计是与总体规划、空间局部设计同步进行的。它要求设计者不但要有总体的宏观把控能力,还要有细腻的构思,关注细微的每处。

　　所谓细部景观设计就是在场地规划的基础上,对具体的、特定的、小尺度的场地、空间及设施进行深入的构思、分析,进而得出具体的实施方案,即将设计概念转化为环境,明确各个部分的形态和组合,确定材料结合的方式以及最终品质展现的过程。细部景观设计示例如图 5-2 所示。

图 5-2　细部景观设计示例

三、基本的评价标准

　　园林景观评价有一定的标准模式和规范,评价不是某种定论,而是探讨的形式,任何评价都不是一种强加于评价对象的文本,而是一种科学的、艺术的文本。评论者与评价对象不是法官与被告的关系,而是一种共同创造的关系。评价的主体有一定的局限性,表现在评论者的个人意识与能力及社会环境和文化背景的制约上。端正的评价观可以使我们更能心平气和地接纳评价,共同发展园林景观事业。

　　基本的评价标准如下。

(一)价值评价

　　价值评价主要是对作品的目的和任务进行评价,讨论功能性、美感、经济性和合理性等问题,关心作品对人的观念和态度形成的影响。

(二)社会评价

　　园林景观的社会评价是指社会性和时代性的评价模式。园林艺术与社会的关系至关重要,研究这些关系可以加深对园林景观的认识,可以让人们明白,所有的景观作品都不是凭空捏造的,不只是个人的成果,还是特定时代的产物。

(三)科学评价

　　园林景观设计融多门学科于一体,科学而客观地分析各项技术指标和经济因素,将科学技术与环境、社会关系联系起来考量。设计师和评论者都应该具备科学与技术的相关知识。

(四)文化评价

　　文化评价是从社会文化的角度去对作品进行衡量的过程,在这一过程中应将作品与价值观、风俗、文化等要素进行联系。

(五)心理评价

　　心理评价是指运用弗洛伊德的精神分析论和现代心理学理论,对作品和设计者的创作方法、创作思想进行剖析和评价。

（六）形式评价

形式评价注重图像学和类型学特征的分析，从纯视觉与感受的方面，根据景观作品所属类型的艺术特征对其进行评价。

（七）现象学评价

现象学评价是从现象当中找景观的本质，体验设计者设计创作过程的创造意识和设计模式，"让作品来说话"的阐述式评价。

（八）历史评价

历史评价是通过寻找作品的历史意义，评价作品的社会历史价值，通过与时代背景、生活方式和社会环境等方面关联去对景观作品进行评价。

任务 2 景观空间设计

一、空间的基本概念

图 5-3　城市空间

按照空间的规模以及与人类生活关系的远近，在人类生活的环境周围存在着各种各样的空间，如宇宙空间、大气空间、城市空间（见图 5-3）、街道空间、建筑空间等。其中，城市空间、街道空间、建筑空间是人类聚居和活动的场所，与人类生活、工作具有密切的关系。园林景观设计其实就是对空间进行设计。老子在《道德经》中有言："埏埴以为器，当其无，有器之用，凿户牖以为室，当其无，有室之用。故有之以为利，无之以为用。"

空间通常被区分为两种形式，一种是知觉感官的现象，另一种是主观的认知过程。从哲学上来理解，空间是指物质存在的广延性；从建筑规划设计上来解释，空间则是指被三维物体所围住的区域，围合后形成内、外两种空间。

空间设计就是要充分利用我们周围容易被忽视的环境空间进行设计，把一些人们容易忽视或者常理感觉不宜作为景观的空间有效利用起来，在内部空间和外部空间中创造出满足人们的意图与功能，舒适、方便、高效、合理、安全、经济、个性化的积极空间。

不同的活动需要不同性质的空间；反过来，不同性质的空间可进行不同的活动。空间的功能和空间的形式是相互影响的。

二、空间的限定

空间形成的关键是空间围护体的确立。不同形态的空间围护体界面可以限定出不同的空间,使人产生不同的心理感受和空间感受。所谓空间的限定是指利用实体元素或人的心理因素限制视线方向或行动范围,从而产生空间感和心理上的场所感。

空间的限定大致可分为以下几种形式:以实体围合,完全阻断视线;以虚体分隔,既对空间场所起界定与围合的作用,同时又可保证较好的视域;利用人固有的心理因素来界定一个不定位的空间场所。

(一)水平元素限定

1. 地面限定

地面限定包括地面抬升、地面沉降、铺地变化等。

1)地面抬升

在室内应用地面抬升的手法,可以很好地限定虚空间,让人既有空间围合的分离感,又有空间渗透的通透感。而在室外,地面抬升限定广场空间(见图 5-4),不仅可起到分解空间的作用,同时可形成良好的视觉效果。

图 5-4　地面抬升限定广场空间

2)地面沉降

采用地面沉降手法的下凹地面空间具有向心作用,可使气氛融洽,使人感到更为亲切。

3)铺地变化

铺地变化是指在地面铺设上利用不同材料、色彩、质感划分空间,如图 5-5 所示。

通过铺地变化可以限定出交通空间、休闲空间和种植空间。

大面积的硬质铺地和草地交接,可以限定人步行的道路和种植区,让人视野开阔、心情舒畅。

2. 顶棚限定

顶棚限定可利用廊架等。在室外,设置廊架作为限定供人通行或休息的空间是常见的手法。顶部镂空或透明的限定,给人安全感,却不阻挡人的视线,人们休息或通行的同时仍然可以仰望天空。作为廊架支撑体的柱子,与顶部的排架结合在一起,能从视觉上增加通道的进深,指引人向前行进和通过,是很好的限定交通空间的手法。廊架限定如图 5-6 所示。

图 5-5　铺地变化

图 5-6　廊架限定

(二)垂直元素限定

1. 点限定

柱子作为线形元素参与空间的构成,可以柔化过渡空间。当人的视线穿过两根柱子之间时,柱子间的景观如固定格在画框中一样,而当人顺着柱子的排布方向观望时,人所感受到的是柱子整齐的序列感,由于透视的效果,柱子间距逐渐变小,使得空间集中向前。

柱子在限定空间的同时,也有很好的观赏性。在广场上,常设置柱子作为纪念性建筑小品,使其成为空间中的另一道风景线。

2. 植物及景观限定

分散种植的植物限定室外空间,可以增添空间的序列感和指引性;大片种植的植物与路灯相结合,限定空间的同时,又有很好的景观效果。

对景观进行处理,如利用花台、水面等限定空间,可使人在视觉上感到连贯,但空间上又有确实的分离感。

3. 面限定

面限定分为隔断限定、墙体限定和玻璃限定等。

1)隔断限定

隔断是可以让视线穿透的空间限定体,使空间既分隔又相互联系,视线没有完全阻隔,空间灵活有趣。隔断也是很好的装饰。

2）墙体限定

墙体限定是最常见的空间限定手法。在建筑物内部的分隔墙体自然不用多说，而在室外，矮墙作为限定体，阻挡人的脚步，却不阻挡人的视线，可使被分隔的空间相互渗透。

3）玻璃限定

玻璃是实实在在存在的，但从视觉上它又是看不见的，所以玻璃作为空间限定元素，能使空间显得通透灵活且不沉重。玻璃限定的应用如图 5-7 所示。

图 5-7　玻璃限定

图 5-8　光影变化

（三）虚拟限定

1. 光影变化

明亮的空间让人放松，心情舒畅；黑暗的空间让人紧张，心情压抑。通过光影效果分隔出来的两种空间，就能给人反差很大的两种感受，增添空间趣味性的同时也有很强的视觉冲击。光影变化如图 5-8 所示。

2. 人的活动

人是建筑中活动的主体，建筑是为了给人提供更好、更方便的活动场地，因此，人的活动也可以作为空间限定的要素。

排队的人流是一种典型的虚拟限定：通过排队买票或入场等行为，人流自发将空间分隔，产生秩序感。

围观的人群也是一种典型的虚拟限定，以人本身为限定体，形成一个向心的聚集性的空间。

此处以成都天府广场为空间限定的实例进行介绍，如图 5-9 所示。广场的边界并不明显，只用一些草坪和树木简单分隔了广场和周边环境，使广场能融入城市生活。中间的地面沉降部分，围合出一个更具趣味的广场空间，同时，地面上运用铺地变化，引导人们到下沉广场中心去。

图 5-9　成都天府广场

三、空间的分类

（一）开敞式空间

　　开敞式空间的特点是没有明确的界限，没有明确的方位引导，可以有多个中心点，可以是多功能的、多区域的，各部分是散点布置的，空间感是外向的、积极的造型元素在空间形式上是面状的。这种空间形式较为自由，人的行为方式也比较自由，人的行动没有受到太多的限制。

　　开敞式空间如图 5-10 所示。

图 5-10　开敞式空间

（二）围合式空间

围合式空间的特点是有比较明确的围合线,有明确的方位导向,功能相对单一,区域感强,空间布置有明确的中心点,有一定的排他性,空间感是内向的,空间形式是点状的。围合式空间如图 5-11 所示。

（三）序列式空间

与围合式空间一样,序列式空间同样具有视觉中心,同样有明确的方位引导,但功能上却更为灵活。序列式空间可以进行演出、纪念、休闲等活动,它更侧重空间节奏上的把握,强调在一条或数条比较明确的轴线上有节奏、有韵律地布置整个空间,形成空间的连续性、序列性。它的空间形式是线形的。

序列式空间如图 5-12 所示。

图 5-11　围合式空间　　　　　　　　　图 5-12　序列式空间

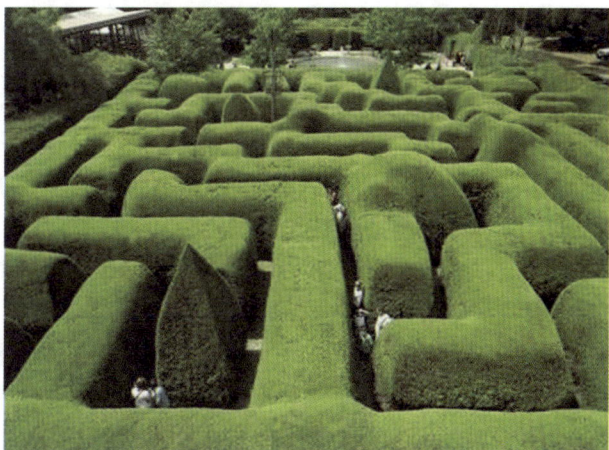

四、场地与空间

不同的场地与空间,要采用不同的、与人相协调的设计手法。对于空间宽大的广场、道路等,设计手法上可选用突出立体感的大线条图案,也可选用纹理粗犷、表面坚硬的材料。对于较小的场地,设计时则要选择细腻的设计手法,多做精致的细节设计。

（一）场地的围合空间

场地的围合有单面围合、两面围合、三面围合与四面围合四种形式,其中三面围合和四面围合的封闭感较好,有较强的领域感。但围合并不等于封闭,应注意场地本身的二次空间组织变化处理。围合场地常见的要素有建筑、树木、柱廊和有高差的特定地形等,其中以建筑围合的场地领域感较好。

（二）阴角与阳角

所谓阴角,是指内侧凹进去的空间,阳角则是指外侧凸出来的空间。在外部空间中,阳角空间形成似乎要把人挤出去的非人性化城市空间,阴角空间则可以创造出一种把人拥抱在里面的温暖、完整的城市空间。在城市的公共空间设计中保持转角的阴角空间,能使城市增添吸引力。

(三)场地的尺度

场地的尺度处理关键是场地与围合物的尺度匹配关系、场地与人的行为活动及使用的尺度配合关系。没有合适的尺度就没有舒适的场地。尺度太大,场地太空旷,会让人产生无助、黯然、想逃离的感受。尺度的处理应依据环境、人流、围合度等因素综合考虑。

(四)人的尺度

场地空间设计时,应以人的感受为标尺衡量空间的尺度是否适宜。

五、图底理论

人们对场所的感知是有选择的,不是所有对象都能得到同等强度的感知。认知中凸显出来的内容成为图形(图,figure),退居衬托地位的成为背景(地或底,ground),从而产生了图底(地)之分,得到了关于认知对象的图底关系。图底之分是先天赋予的,图底关系是人凭直觉认识世界的最基本需要。图底关系不仅在建筑、景观和城市规划设计中,而且在所有艺术及认知领域,都有普遍而广泛的运用。

图底法(figure-ground method)是美国康奈尔大学教授柯林·罗(Colin Rowe)所提倡的识别城市的重要方法。具体做法是,把实体建筑物在地图上涂成黑色(图),把道路、广场、公园等城市空间保留为白色(底),从而形成关于建筑物(实体)的图底关系;反过来,也可把道路、广场、公园当作图,建筑物当作底,得到反转片或另一黑白照底片式的图底关系(反转图底关系)。

图底理论运用示例如图 5-13 所示。

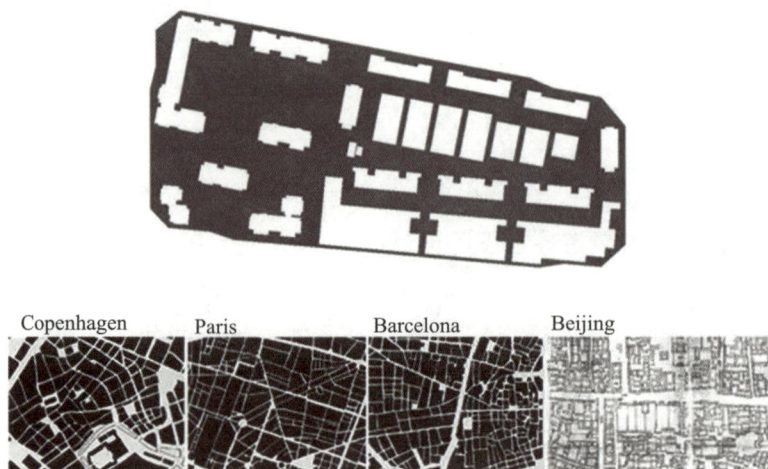

图 5-13 图底理论的运用

任何一个景观设计方案,无论其场地的大小、规模及需涉及的范围如何,首先要面对的就是条件,即场地的生态环境及场地所有者与使用者的人文、经济、历史等方面的背景条件。对一个方案设计来说,怎样准确地解读这些条件是最基本、最重要的事。通常可以把这些条件比喻为图底关系中的底,设计方案比喻为图,底线在哪儿就意味着能做的方案是什么。实际上底是对图的界定,在设计中当底足够清晰时,图就已经自然呈现。

任务3　景观人体工程学

　　人体工程学也称人类工程学、人间工学或工效学,是根据人体解剖学、生理学等方面的特性,了解并掌握人的活动能力及其极限,使景观环境与人体功能相适应的学科。

　　景观设计中的尺度、造型、色彩及其布局形式都必须符合人体生理、心理尺度及人体各部分的活动规律,以达到安全、实用、方便、舒适、美观的目的。人的工作、学习、休息等生活行为都可分解成各种姿势模型,根据人的立位、坐位和卧位的基准点来规范景观设计中各种造型的基本尺度及造型间的相互关系。

　　人体工程学在景观设计中的有效应用,是研究人体活动与景观空间环境之间正确合理的关系,以达到最高的生活舒适度与生理机能效率的关键。人体工程学以人为中心,根据人的生理结构和活动需要等综合因素,充分应用科学条件和方法,使人的**各种需求**在设计中得到最大限度的满足,实现景观的功能、美观、技术、经济、环境等各方面**因素**的优化组合。由于人体工程学是一门新兴的学科,人体工程学在景观环境设计中应用的**深度**和**广度**有待进一步开发。目前已开展的应用如下。

一、确定人和人际交往活动所需景观空间

　　这一应用是指根据人体工程学中的有关计测数据,从人体尺度、动作域等方面确定景观空间范围。

二、确定景观设施的形体、尺度及使用范围

　　景观设施为人所使用,因此其形体、尺度必须以人体尺度、动作域等为主要依据。要使这些景观设施得到有效的利用,其周围必须留有活动和使用的最小空间,这些要求都由人体工程学予以解决。景观空间越小,停留时间越长,对景观设施的形体、尺度及使用范围的要求也越高。

三、提供适合人体的景观物理因素的最佳参数

　　景观物理因素主要有景观热环境、声环境、光环境、重力环境、辐射环境等。在进行景观设计时,有了科学的参数后,才有可能做出正确的决策。

四、通过视觉要素计测为视觉环境设计提供科学依据

人眼的视力、视野、光觉、色觉是视觉要素，人体工程学通过计测得到数据，为光照设计、色彩设计、视觉最佳区域设计等提供科学的依据。

任务 4　景观环境心理学

图 5-14　植物空间设计

环境心理学是研究环境与人的心理和行为的相互关系的一个应用心理学领域，又称人类生态学或生态心理学，它着重从心理学和行为的角度，探讨人与环境的最优化，即怎样的环境是符合人们心意的。环境心理学是从工程心理学或工效学发展而来的，是一门新兴的综合性学科，与多门学科如医学、心理学、环境保护学、社会学、人体工程学、人类学、生态学及城市规划学、建筑学、室内环境学等关系密切。工程心理学主要研究人与工作、人与工具之间的关系，把这种关系推而广之，即成为人与环境之间的关系。这里所说的环境虽然也包括社会环境，但主要是指物理环境，包括声环境、空气质量、温度、建筑设计等。物理环境和社会环境是统一的，二者都对行为产生重要影响。

在园林景观设计过程中，设计师无论是布置一座假山还是布局一个植物空间（见图 5-14），都有诸多环境心理因素需要考虑，设计师不仅要考虑各园林景观的空间位置关系，还要考虑与景观相关的人的关系，应尽量利用一系列关系的设计来充分展示物体最吸引人的特征，从而控制人对物体的感知。

一、空间环境中人的活动类型

（一）人的知觉

1. 向前和水平的知觉器官

景观中人类的运动主要为水平方向上的行走，其速度大约是 5 km/h。人类的知觉器官很

好地适应了这一运动条件,它们基本上都是面向前方的。视觉发展得最完善也最有用,它是水平方向的。水平视域比竖向视域要宽广得多。如果一个人向前看,可以观察到两侧近90°范围内正在发生的事情。

向下的视域比水平视域要窄得多,向上的视域也很有限,而且还会减少得更多一些。为了看清行走路线,人们行走时的视轴线一般向下偏10°左右。人们在街上行走时,实际上只看见建筑物的底层、路面以及街道空间发生的事情。

2. 嗅觉

人的嗅觉只能使人在非常有限的范围内感知到不同的气味:只有在距离小于1 m时,才能闻到从别人头发、皮肤和衣服上散发出来的较弱的气味;香水或者别的较浓的气味可以在2～3 m处感觉到,超过这一距离,人就只能嗅出极其浓烈的气味。进行空间环境设计时应引进芳香类植物,排除散发异味、臭味和引起过敏的植物。

除此以外,空间环境设计时应考虑的人的知觉还包括听觉。

(二)驻足停留

站立活动体现了公共空间中静态活动的重要行为模式特征。人能在公共空间中站立很重要,但更关键的是停留。

人的站立活动主要为两种:

(1)暂停——必要性活动,如遇到障碍、停下来与人交谈等。

(2)逗留——边界效应。

逗留区域(局部隐蔽):人们可以在此区域部分地隐蔽起来,同时又能很好地观察空间。这类区域常见的有树林边缘(有深浅不同的背景以及繁茂的树冠),城市空间中沿街的柱廊、雨篷和遮阳棚等。受欢迎的逗留区域一般是沿建筑立面的地区和一个空间与另一空间的过渡区,在这种逗留区域可以同时看到两个空间。

边界区域之所以受到青睐,是因为它处于空间的边缘,为观察空间提供了最佳的条件。处于森林的边缘或背靠建筑物的立面,有助于个人或团体与他人保持距离。

在逗留区域中,人们选择在凹处、转角、入口或者靠近柱子、树木、街灯之类有可依靠物体的地方驻足,这些可依靠物体在小尺度上限定了休息场所。

(三)小坐

坐具也是园林景观细部设计必备的设施之一,供游人休息用,一般设置在园中具有特色的区域,如水边、路边、广场上等。

坐具的形式可根据园林景观的特色和风格有针对性地设计,既可是比较规则的,也可是仿自然形态的;材料的使用比较灵活,既可直接选用自然形态的材料,也可使用经过加工的自然材料或人工材料,但形式要符合环境的需要。

(四)观看

1. 距离

观看活动的最大距离为70～100 m,看清面部表情的最大距离为20～25 m。25 m左右的空间尺度是在社会环境中最舒适和得当的尺度。超过110 m的空间在良好的城市空间中是罕见的。

2. 视野

空间环境设计应使视野和视线不受干扰,可参考剧院及电影院中的阶梯状观众席和教室里抬高的讲台。

(五)聆听

1. 噪声对交谈的影响

当背景噪声超过 60 dB 时,就几乎不可能进行正常的交谈,而在城市混合交通式街道上,噪声通常正是这个数值水平。

2. 聆听人声与音乐

空间环境中听到音乐、歌唱、呼喊和讲演,可使步行变得情趣盎然。

3. 听觉的范围

在 7 m 以内,人的耳朵是非常灵敏的,在这一距离进行交谈没有什么困难。距离大约在 30 m 时,人们仍可以听清楚演讲,但已不可能进行实际的交谈。距离超过 35 m 时,听觉能力就大大降低了,有可能听到人大声叫喊,但很难听清他在喊些什么。距离达 1 km 或者更远,就只可能听见大炮或者高空的喷气式飞机等产生的极强的噪声。

(六)交谈

1. 与同伴交谈

除了较低水平的背景噪声外,交谈对于地点、场合似乎没有特殊的要求。一边散步,一边交谈,是公共空间中常见的人际活动类型。

2. 与路遇的熟人交谈

这种交谈的发生在很大程度上与地点及场合无关,人们是否在相遇处停下来交谈,主要取决于在户外逗留的条件如何。

3. 与陌生人交谈

这类交谈一般始于参与者处于较放松状态之时,尤其是参与者专注于同一事情,如并排站着、坐着,或者一起从事相同的活动。

共同的活动与经历以及没预料到的或者非同寻常的活动能引发此类交谈。

小坐和驻足地点以及它们的相对位置的设计,对于交谈能产生直接的影响。如果座椅呈背靠背布置,或者座椅之间有很大空间,就会有碍交谈,甚至使交谈不可能进行。

二、空间环境中的行为和心理

(一)公共性

正如人类需要私密空间一样,有时人类也需要自由开阔的公共空间。环境心理学家曾提出社会向心与社会离心的空间概念,园林景观中公共空间和私密空间也是一组相对的概念。公共空间有城市广场、公园、居住区中心绿地等：广场上要设置冠荫树；公园草坪要尽量开放，草坪不能一览无余，要有遮阳避雨的地方；居住区绿地中的植物品种要尽量选择观赏价值较高的观叶、观花、观果植物等。这些设计思路都可以使人相对聚集，促进人与人相互交往，进而去寻求更丰富的信息。公共空间设计如图 5-15 所示。

图 5-15　公共空间设计草图

（二）私密性

私密性可以理解为个人对空间可以接近程度的选择性控制。人对私密空间的选择可以表现为希望按照自己的愿望支配自己的环境或几个人亲密相处时不愿受他人干扰，又或者反映个人不求闻达、隐姓埋名的意愿。在竞争激烈、快节奏的社会环境里，特别是在繁华的都市中，人们极其向往拥有一块远离喧嚣的清静之地。这种要求在家庭的庭院、花园里容易得到满足，而在大自然的绿地中也可以通过植物种植来达到。私密空间如图 5-16 所示。

图 5-16　私密空间

景观设计中植物是创造私密空间最好的自然要素。设计师考虑人对私密性的需要时，并不一定就是设计一个完全闭合的空间，而是在空间属性上对空间有较为完整和明确的限定。一些布局合理的绿色屏障或是分散排列的树就可以提供私密空间，在植物营造的静谧空间中，人们可以读书、静坐、私语。

(三)安全性

在个人化的空间环境中,人需要占有和控制一定的空间领域。心理学家认为,领域不仅提供相对的安全感与便于沟通的信息,还表明占有者的身份及其对所占领域的权力象征。领域性作为环境空间的属性之一,古已有之,无处不在。园林景观设计应该充分考虑领域的安全性,使人获得稳定感和安全感。例如,古人在家中围墙的内侧常常种植芭蕉,芭蕉无明显主干,树形舒展柔软,人不易攀爬上去,种在围墙边上,既增加了围墙的厚实感,又可防止小偷爬墙而入;又如,私人庭院里常常运用绿色屏障与其他庭院分隔,对于家庭成员来说,通过绿色屏障实现了家庭各区域的空间限制,从而使人获得了相关的领域性及安全感。

(四)实用性

古代的庭院最初就是经济实用的果树园、草药园或菜圃,在现今的许多私人庭院或别墅花园中,仍可以看到硕果满园的风光,或者是有着田园气息的菜畦,更有懂得精致生活的人,自己动手操作,在家中的小花园里种上芳香保健的草木花卉。其实,无论在家中庭院还是外面的绿地,每一种类型绿地的植物功能都应该是多样化的,不仅有针对游赏、娱乐的,还应有供游人使用、参与以及生产防护的。参与使人获得满足感和充实感。

在冠荫树下的树坛旁增加座凳就能让人得到休息的场所;草坪开放就可让人进入活动;设置花园和园艺设施,游人就可以动手参与园艺活动。用灌木作为绿篱有多种功能,既可把大场地细分为小功能区和空间,又能挡风、降低噪声,遮蔽不雅的景象,形成视觉控制。采用低矮的观赏灌木,可以使人们靠近它们,欣赏它们的形态及花、叶、果。

(五)宜人性

在现代社会里,园林景观局限于经济实用功能是不够的,它还必须是美的、动人的、令人愉悦的,必须满足人的审美需求及人们对美好事物热爱的心理需求。例如,单株植物有它的形体美、色彩美、质地美、季相变化美等;丛植、群植的植物通过形状、线条、色彩、质地等要素的组合及合理的尺度控制,加上不同绿地的背景元素(铺地、建筑物、小品等)的搭配,既可美化环境,为景观设计增色,又能让人在潜意识中调节情绪、陶冶情操。反过来,抓住这些人微妙的心理审美过程,又会对设计师的思考,即怎样创造一个符合人内在需求的环境,起到十分重要的作用。

--------- 思 考 练 习 ---------
○　○　○　○　○

1.简述细部景观设计的概念及评价标准。
2.环境心理学对景观设计的影响有哪些?
3.细部景观设计的艺术法则有哪些? 如何将这些法则运用在景观设计之中?

项目五
景观设计方案组景手法

教学要求

  使读者理解和掌握园林景观的组景手法，在具体的案例中能合理应用。

能力目标

  在设计中很好地应用园林景观的组景手法。

知识目标

  提升对具体的组景环境、山石组景、植物组景、建筑小品等的应用能力。

素质目标

  使读者掌握相关组景技能手法，并能将其应用到实际的设计中。

现代中国园林景观的组合手法是在中国古典园林的基础上加入外国园林景观的一些设计构图组景手法而形成的具有中国特色的组景手法。园林景观的构图要素有很多种,园林景观对人的触觉、嗅觉、听觉都能产生刺激作用。在组景构图设计中,通过变化空间结构、应用各种手法,可将景观展现在人们面前,使人们产生美的感受。组景设计是通过总体布局、结构方式和空间形态进行的:一是应用点、线、面来组景;二是通过景物本身色彩、肌理、质感的不同来体现变化;三是通过人文因素来组景,如通过展示性状、情感、风格等来营造园林景观意境。园林景观组景手法多种多样,本章以中国古典园林景观组景为基础背景,对山石、植物等综合性园林景观组景手法进行介绍。

任务 1　园林景观组景手法

一、园林景观环境

在中国古典园林的总体设计中,首先要很好地利用自然地理环境,这样可以大大节省施工时间,同时也能更好地把握和丰富园林景观的总体设计。随着时代的发展和人类的进步,人们对自然环境的认识、改造能力增强,对环境的要求也在不断提高,在这种情况下,人类想要创造和发展与之相适应的景观园林,就需要在研究传统景观园林理论的同时,寻找适应城市景观园林的新的设计方法。

(一)选择适合筑园的园林景观环境,在保护园林景观环境的前提下去筑园

筑园设计中把自然山林地、溪流地、河流地、湖泊地、郊野地和村庄地列为极佳地段,这些都是体现中国自然式景观园林的重要元素。自然式景观园林始终提倡"自成天然之趣,不烦人事之工"的设计筑园思想。这对于现代景观园林的设计有着极大的意义。例如,自然山林、郊野之地,有高低凹凸、曲折深浅、险峻平坦,再加上树木成林,已具备了50%以上的园林自然景观,在设计时再按照所需要的功能铺砌蹬道和园路,设计必要的小型园林景观建筑和稍加改造的组景景观,园林景观就可以基本构成。再如,溪流、河流、湖泊旁的园林环境,只需对溪流、河流、湖泊岸边进行设计和修整,按照园林组景的方法布局,以水面为主要的景观组景则可以自然地构成景观园林。我国很多传统的景观园林就是按此思想构筑的。

(二)利用环境,人工构筑园林景观

原有地形的景观和造园的好坏是紧密结合的。换句话说,园林景观最后效果的好坏很大一部分是由原有的地理环境决定的。在筑园创作中,组景手法都不会是单一的,大多数是综合应用的,也有些是混合交错的,因此,对设计师的要求就相应地要高。设计师必须在大脑中储存大量的信息,如典型的自然山水园林景观、山水画家的优美山水画、诗人的优美词句等,在设计时除了因势成景、随宜得景之外,还要借鉴名景和画谱及优美的山水诗句,以使

园林适宜得体,与环境相适应。

(三)人工园林景观构筑的途径和方法

现代人工园林景观在城市中应用很广泛,如城市中的公园、广场、住宅小区绿地、市政绿化工程及旅游景观等,它们在园林景观的构园中是最需要绿地空间环境的。要构筑出合理的绿地园林景观,需要对地形和周边环境进行反复考察。在构筑这类园林景观时要注意运用以下人工筑园方法。

1. 空间之间的互相陪衬手法

采用此手法应以建筑和绿化树木为主要支柱,在其前后种植乔木或大片草坪,再在草坪中加入园林景观小品,最后根据城市园林景观的功能来确定效果。

2. 空间的划分和借景的联合应用手法

采用此手法应根据地形环境的实际情况、建筑所处的地段及建筑的类型,对景观环境进行借景来体现园林景观的空间效果,在设计筑园时应注意建筑的形式、建筑的尺度(与周边原有景观的比例)以达到和谐的景观效果。

3. 人造景观仿效自然景观的构筑手法

此类手法中常运用的是凿池筑山。例如,北京圆明园、承德避暑山庄都是挖池堆山,取得自然山水效果。采用此手法要注意节约施工时间和珍惜材料,山池景物宜自然幽雅,不可矫揉造作。做假山时要注意山体尺度,"山小者易工",避免过度体现人工气魄。

二、园林景观生态结构功能和布局

园林景观生态系统由多层次等级体系所组成,在不同的空间尺度下,其结构与功能具有不同程度的相互依存关系,即园林景观具有等级性与复杂性。为探讨园林景观的组成、功能、性质及其相互作用,具体情况应具体分析。不同自然环境的景观,其结构布局也不同。

(一)景观总体结构的类型

园林景观包含建筑园林和纯天然的自然景观风景园林。建筑园林又可以分为庭院园林、水面建筑园林、山水建筑园林等,这些都是以草坪、树木种植为主的生态景观园林。

1. 建筑园林景观的功能布局特征

古典建筑园林景观功能以庭院内部的景观为主,通常以客厅为主要的结构来进行区分,根据地形的高低起伏来布局:道路曲径通幽;低处凿池,高处则堆山造坡建亭、建阁;院内植树叠石,再根据四季的变化来种植花草,一般种植单株竹,或形成竹园。

2. 纯天然的自然景观风景园林的功能布局特征

自然景观的布局首先要看其地形的环境——其地形是否在俯瞰、仰望、平视的时候有变化,水面是否开阔、是否曲折蜿蜒、是否有多变的岸际线,树木是否成林、是否高低错落;再看周边的山峰和山峦的造型是否具有很好的造型特征;最后根据地形的高低变化,在保护原有园林景观的自然物种的同时,栽种适应环境的植物,以形成和谐的园林景观。

（二）景观总体空间布局

园林景观布局可展示不同园林风格，是园林设计总体规划的一个重要步骤，是指根据计划确定所建园林的性质、主题、内容等，进行总体的立意构思，对构成园林的各种重要因素进行综合全面的安排布局。

1. 划分与组合

划分是指把单一的空间划分设计成多个空间，或是把单一的空间划分为复杂的空间。对空间进行划分后，可按要求再进行组合，以形成理想的布局。园林景观空间的布局一般分为主景景观空间布局和次景景观空间布局，在布局上应按照景观空间的形式、景观空间的大小、地形的高低、景观空间的开合来进行设计。（见图 6-1 和图 6-2）

图 6-1　划分空间（太湖风景区）

图 6-2　组合空间

2. 动态空间与静态空间的序列组合

园林景观的动态空间与静态空间是流动的，在园林中，既有静态景观，又有动态景观。当游人在园林中某位置休息时，所看到的景观为静态景观，而当游人在园内游览时，所看到的景观为动态景观。动态景观是满足游人"游"时的需要，静态景观是满足游人"憩"时的需要，所以园林景观的动静空间组合可为游人提供一个游憩合理的空间。动态景观是由序列丰富的连续风景形成的。

3. 景观节点与路线的布局

园林景观节点一般包括广场、各种功能建筑、休闲场地等。园林景观休闲路线分为一般园路或小径、湖河岸路径、上山下山游路、连续进深的庭院线路、林间园路或小径等。总之，在景观节点与路径的设计和布局中，除了应保持园林景观功能、合理组织景物外，还应以动、静和相对停留空间为条件来有效地展开视野和布置各种主题园林景物，一般要注意以下四点。

（1）路径与园林景观面积应保持均衡分布，防止疏密程度过大或过小。

（2）路径、节点的宽度和面积、出入口数目应符合园林景观的容量和规范要求，符合疏散和安全的功能要求。

（3）出入口的设置应考虑位置是否明显、与周边地理环境是否相符、是否符合人流流向，其连接的游路路径要很好地结合景观节点。

（4）每条路线的总长和对应的游园时间应符合游人的体力和心理要求。

（三）园林景观轴线布局及组景方法

在面积大或环境复杂的空间内布局园林景观时，一般采用两种方法来进行布局和组景：首先是按照园林景观环境的功能来进行环状布局和自由式分区；其次是按照园林景观环境的功能来进行点线状布局和轴线式分区。

轴线式分区布局和组景的特点：一是明确轴线功能，然后用点联系空间，进而进行区分和分布；二是按轴线施工，这样就能很快准确定位，简单方便；三是在轴线两侧延伸，在轴线上加入端点、节点，在转折处组织街道并设置广场，展现主要的景观构筑物和主题景物。

三、景观造景手法

中国园林景观造景的手法是中国特有的在传统的造景中结合实际的情况和中国自身的传统特色形成的造园法则。中国造园讲求把创意与工程技艺完美融合，是造景技艺的最高表现之一。古人将中国园林造景手法总结为主景和配景、实景和虚景、前景和背景、内景和外景、抑景和扬景、夹景和框景、俯景和仰景、季相造景等。

（一）主景和配景

主景和配景又叫主要景观和次要景观。在园林景观的造景配置设计中要对主要景观和次要景观进行区分。例如，在造山配置中分主、次、宾、配；在植物配置中分主体配景树和次要配景树。配置和造景设计就是要处理好主景和配景的关系。在设计和配置中体现主景的做法：一是增加体量或高度；二是集中视觉轴线，使之与景观轴线对应；三是颜色突出或中心节点明确。配置中配景只起陪衬作用，是主景的延伸和补充。

（二）实景和虚景

园林景观的空间通过围合等方式引导视线，通过虚实程度变化影响人们观赏时的视觉体验，通过虚实交替、对比和虚实的过渡来创造丰富的园林视觉引导流线，如植物集群的密集和虚疏，山的实、流水的虚，喷泉的实、喷雾的虚等。北京北海的烟云尽志景点、承德避暑山庄的烟雨楼景点，都是朦胧虚实创造的。

（三）前景和背景

园林景观空间是由多种景观元素构成的，为了很好地表现景观，常常使主景集中，相应地利用山石、丛林、建筑、草地、水面、天空等作为背景，再利用虚实、物体的体量、色彩等烘托主景，这样能提高并突出园林景观效果。当然，在面对具体的景观时进行具体、合理的设计，才能使园林景观的前景和背景对比明显、主题突出，从而达到想要的效果。例如，用水面和草地来作为衬景，在花丛中设置白色景观小品来强化对比；再如采用前景的疏和背景的密来进行对比以体现园林景观的视觉效果。但有一点，无论怎样对景观进行布局和组景设计，都要注意背景不能喧宾夺主。

（四）内景和外景

景观的空间和建筑的空间内部通常采用内景和借景来布局。园林景观或建筑空间的景观一般称为内景,而外部的观赏景观则称为外景。例如,桥在园林中既是休憩空间,也是观赏景观节点。园林景观在营造时会因受景观的地理位置和环境的影响而有一些不足,在设计中可通过借助外界的景观来弥补,这样的借景手法在古代的造园家手中得到了充分的体现,同时也给我们留下了很多经典的景点景观。江苏无锡寄畅园的远借龙光塔,北京御和园中的西借泉山等,都是经典的借景景观。

(五)抑景和扬景

中国园林景观的组景和中国的传统文化有相似之处,在文化中有先扬后抑手法,在园林景观规划设计中,也同样具有这种手法。这种手法通常在对景观区域进行设计时使用,如引导游人的封闭、半封闭、开敞、半开敞的空间等。设计时可以利用地形、植物、山石、建筑、小品等来进行小空间的设计,如可以通过蜿蜒崎岖的通道达到曲径通幽的效果。

(六)夹景和框景

在组景设计中,应根据人们的观赏视线来设置景观,在设置中用"框"围成的景观叫作框景,障碍左右夹持的景观为夹景。在园林景观的设计中,利用树林、山石、峡谷等来限制景点、营造景点或控制景观观赏范围可以达到夹景和框景的效果,从而营造更深、更有层次的美感,这在自然景观的布局和改造中是很常用的手法。

(七)俯景和仰景

所谓的俯景和仰景只是相对而言的,在设计中可以利用园林景观的地形来营造景点,或改造景观以达到俯视、仰视的视觉效果。例如,利用峡谷的险和山崖的高来创造景观低点和高点,在山崖顶可达到俯视的效果,反之,在峡谷底则会有仰视的视觉效果。

(八)季相造景

季相造景(见图 6-3)就是利用园林植物的四季变化来设计园林景观的,主要是通过植物的四季生习性来进行合理的布局,达到四季都有红花绿叶、都能生机勃勃的景观视觉效果,如:用花卉表现四季变化,有春桃、夏荷、秋菊、冬梅;用树木表现四季变化,有春柳、夏槐、秋枫、冬柏;用山石表现四季变化,春用石笋、夏用湖石、秋用黄石、冬用宣石。中国古代造园家留下了很多季相造园的成功案例,如扬州个园的四季假山,西湖造景春有柳浪闻莺、夏有曲院风荷、秋有平湖秋月、冬有断桥残雪等。

图 6-3　季相造景——上海延中绿地夏季景观

四、园林景观空间布局

园林景观的空间布局是在合理、巧妙、系统、协调的安排下,令一个园林景观空间完整又具有变化,从动态到静态或是从静态到动态进行的合理的空间布局或构图。

(一)静态空间构图

静态空间构图是指在一个相对固定的空间范围内构图,大致可以分为以下七类:第一类是按照活动地域分为平地空间、台地空间、谷地空间和山岳空间等;第二类是按照活动内容分为居住、游览、观光、休憩等各种活动空间;第三类是按照空间的开敞度分为开敞、半开敞和封闭空间等;第四类是按照空间构成要素分为建筑、绿化、山石、水域空间等;第五类是按照空间大小分为超大、亲密空间等;第六类是按照空间形式分为规则、半规则和自然空间等;第七类是按照空间的多少分为单一和复合空间等。在一个相对静态的园林景观空间中,设计时有意识地进行合理构图会产生丰富多彩的空间效果。

(二)动态空间布局

园林景观的动态空间表现为两个方面:一方面是自然园林景观的时空转换;另一方面主要是通过游人来引导园林景观的视距流线转换。在不同的空间里面可以布局不同的景观个体,从而组成丰富的景观游线动态空间。

景观空间布局有很多创作手法,如运用主调、基调、配调和转调。同时,园林景观也是由多种风景元素组成的,在设计中整体有变化,在变化中寻求统一,这是动态空间布局的重要手法。具体案例中的背景景观或树林景观为基调(见图6-4);前景和主景景观是主调;配合主景的景观为配调;在动态空间的转换中使用的过渡景观为转调。利用这些创作手法可以达到不同的景观效果。

1. 园林景观的开合

园林景观的空间布局构成设计中,无论是单一空间还是复合空间,植物群落空间还是建筑空间组合,都要有头有尾、有收有放、有聚有散,这是园林景观常用的手法。例如,水体景观设计时,水之来源为头,水之去脉为尾,水面的扩大分开或聚拢为开合(见图6-5)。

图6-4　景观基调图

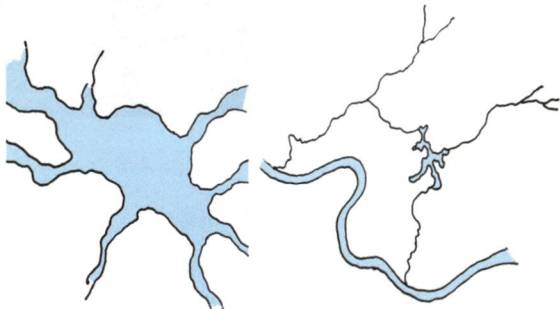

图6-5　园林景观中水体空间的开合变化

2. 园林景观的断续起伏

园林景观的断续起伏(见图6-6)是利用地形来建造动态景观的手法之一,这种动态断续起伏的造景手法多用于旅游景区或是地形高差大的公园。一般情况下,旅游景区地形起伏,游览距离相对较远,可以设计多种景观区,进行分区段设计,再运用景观步道、漫步道等道路来连接各个景点区段,这样就会达到引人入胜的效果。

图 6-6　园林景观空间序列的断续起伏

3. 园林植物景观的季相和色彩布局

园林植物景观(见图6-7)是景观的主体,同时,植物又有其独特的生态规律。在不同的自然环境下,植物个体与群落在不同季节有不同的外形与色彩,利用这种变化,再配以山石水景、建筑道路等,就会呈现绚丽多姿的景观效果和展示序列。例如,扬州个园内,春植翠竹配以石笋,夏种广玉兰配以太湖石,秋种枫树、梧桐配以黄石,冬植蜡梅、南天竹配以白色英石,此四景分别被布置在游览线的四个角落,在咫尺庭院中创造了四时季相景序。一般园林设计中,常以桃红柳绿表春,浓荫白花主夏,红叶金果属秋,松竹梅花为冬。

图 6-7　园林植物景观(水杉形成的色彩基调图)

4. 园林景观建筑群组的动态布局

园林景观建筑在景园中只占 $1\% \sim 2\%$ 的面积,一般位于园林景观景区的构图中心,起画龙点睛的作用。一个建筑群组,应该对入口、门庭、过道、次要建筑、主体建筑的序列进行合理安排。整个园林景观,从大门入口到次要景区,再到主景区,都有必要将不同功能的景区有计划地排列在景区序列轴线上,形成既有统一展示层次,又有多样变化的组合形式,以达到应用与造景之间的完美统一。

任务 2　山石组景

一、古典园林山石组景历史和分类

中国古典园林景观以自然写意山水园的独特风格而著称。园林中的山,有真山亦有假山。承德避暑山庄、苏州天平山高义园为真山园林的代表,而绝大多数的古典园林景观中的山是假山。人工造山在中国传统造园中具有十分突出的地位,假山石在园林造景中的大规模运用可以追溯到秦汉时期。随着社会的发展和进步,古典园林中的山石造景技法和手法都在不断提升。

经过几千年的经验积累,假山景观(见图 6-8)、叠石景观(见图 6-9)造园已成为中国园林景观独具特色的设计。这种造园叠石的本源是自然,同时它又高于自然,叠石造山技法也需要不断创造和更新。

图 6-8　假山景观

图 6-9　叠石景观

根据山石结构原理,常将山石分为以下几类。

峰石:轮廓浑圆,山石嶙峋,变化丰富,如图 6-10 所示。

图 6-10　峰石

峭壁石：又叫悬壁石，有穷崖绝壑之势，且有水流之皴纹。

石盘：平卧的石板，用来承接滴水的峰洞。

蹲石：浑圆，柱形，主要用于河中，起支柱作用和桥梁作用。

流水石：石形如舟，有强烈的流水皴纹，卧于水中，按水流动向辅以散点及步石等。

上述几类山石，可在设计组景时根据中国山水理论和意境来组合选用。

二、园林景观山石组景基本手法

中国传统园林景观比较典型的是山水园，山水园离不开山和水。园林景观中，山石组景的特点是以少胜多、以简胜繁、格局严谨、手法精练。根据造景作用和观赏效果的不同，景观山石组景手法有特置、群置、散置、景石与植物搭配及景石与建筑搭配等。

（一）特置

特置就是在一定的园林空间中将形状古怪和比较罕见的精品大石放置在自然环境中。

特置的景观石，在园林景观的设计空间中一般作为局部空间的主景或是作为重要的配景，可以布置在庭园中央、十字园路交叉处、观赏性草坪中央、游憩草坪的一侧、园景小广场中央或一角、园林主体建筑前场地中央或两侧等，也可以布置在园林入口，作为主题景观或是照壁景物。园林中特置景石常常用来镌刻题咏和命名，其意境无穷。特置景石布置的环境多种多样，不但可以独立应用，还可以搭配应用。特置景石应用得比较早，在我国的园林中也出现了很多名石，如上海豫园的玉玲珑，北京颐和园的青芝岫，苏州狮子林的嬉狮石，苏州的瑞云峰、冠云峰等。

（二）群置

群置就是将若干山石有联系、有呼应、和谐地、有聚有散地布置在一起。一群山石可以布置成若干石丛，分别由3、5、7、9块山石构成。群置常常用于廊间、粉墙前、路旁、山坡上、小岛上、水池中或与其他景物结合起来造景。例如，北京海琼岛南山西麓山坡上，用房山石疏密合理地构成了群置景观，创造出很好的地面景观，不仅起到了保护坡地的作用、改善了环境，也给环境造就了不同的景观气势。

（三）散置

散置就是用少量大小不等的山石，按照人们审美的规律和自然的法则进行合理组合。散置景石主要用来点缀地面景观，使改造设计的地面景观更加自然和符合环境。散置山石一般布置在园林景观的土山山坡上、自然式湖池的池畔、岛屿上、园路两边、游廊两侧、园墙前面、庭园一侧、风景林地等处。

（四）景石与植物搭配——山石花台

山石花台就是由自然的山石砌筑的挡土墙，在其内可种植花草树木。山石花台的作用：一是降低地下水位，为植物的生长创造合适的生态条件，也为土壤的恢复提供必要的排水系统；二是便于观赏，在设计时注意选取合适的观赏高度，可使游人免受躬身弯腰之苦；三是山石花台的造型形体可以随机调整设计。山石花台平面的布置讲究曲折，立面则要有起伏。

（五）景石与建筑搭配

用少量的山石在合适的部位装点建筑是一种很好的方法。所置山石模拟自然裸露的山岩，建筑则依岩而建，增添自然的气氛。常见的结合形式有以下六种。

1. 山石踏跺和蹲配

中国建筑多建于台基上，出入口的部位需要台阶作为室内外上下的衔接过渡。台阶做成石级，而园林建筑常用自然山石做成踏跺。踏跺石材应选择扁平状的各种角度的梯形甚至是不等边的三角形，每级高为 10～30 cm，有的还可以更高一些。每级的高度也不一定完全一样。山石每一级都向下坡方向有 2% 的倾斜坡度以便排水。石级断面要上挑下收，以免人们上台阶时脚尖碰到石级上沿。用小块山石拼合的石级，拼缝要上下交错，上石压下缝。

蹲配与踏跺可结合使用，但必须使蹲配在建筑轴线两旁有均衡的构图关系。

2. 抱角和镶隅

建筑墙面的外墙基角（多为直角），用山石环抱紧包，称为抱角；墙内角则以山石填镶其中，称为镶隅。

3. 粉壁置石

粉壁置石也称壁山，是用墙作为背景，在面对建筑的墙面、建筑山墙或相当于建筑墙的墙体面前留出空地做石景或山景布置。这种做法在江南庭园中随处可见，有的结合花台、特置景石和各种植物进行布置，式样多变。如苏州留园鹤所，墙前以山石做基础布置，高低错落、疏密相间，并用小石峰点缀建筑立面，这样一来，白粉墙和暗色的漏窗门洞的空处都形成衬托山石的背景，竹、石的轮廓非常清晰。粉壁置石一般要求背景简洁，置石要掌握好重心，不可倚靠墙壁，同时注意山石排水，避免墙脚积水。

4. 廊间山石小品

为了争取空间的变化和使游人从不同角度去观赏景物，园林景观设计中的廊亭，往往做成曲折回环的半壁廊，这样便会在廊与墙之间形成一些大小不一、形体各异的小天井空隙地。这类地方可以用山石小品发挥"补白"作用，使这个很小的空间也有层次和深度的变化，同时可以引导游人按设计的游览顺序进行游览，以小见大，丰富沿途的景色。

5. 漏窗

为了使室内外景观互相渗透，园林设计中常用漏窗组景，即在内墙适当位置开凿布置漏窗（尺幅窗），在窗外布置竹石小品之类，使景"入画"，亦称为"无心画"。以漏窗透取"入画"是从暗处看明处，窗花有剪影的效果，加以石景粉壁为背景，从早到晚，窗景因时而变，效果景物都不同，可以营造良好的视觉效果。

6. 云梯

云梯是用山石堆成的室外楼梯。采用云梯形式既可节约室内建筑面积，又可成自然山石之景。但应注意，采用云梯形式不应使山石楼梯暴露无遗，要注意与周围的景物相联系和呼应。

任务 3　植物组景

一、植物组景基本原则

（一）满足植物种植的自然生态要求

良好的水土、日照以及宽敞的生长空间对植物的生长起着至关重要的作用。因此,园林景观设计应满足植物种植的自然生态要求。

（二）满足植物配置的要求

根据植物的生长要求,应用合理的构图设计原理,可以设计、配置出多种植物景观。中国园林景观,由于自身文化的原因,偏好构建自然合理的天然式园林,在构图中提倡不对称、多变的手法。中国园林景观设计也可采用对称式布局。四合院和院落组群都是对称式的布局庭院,其中植物配置多趋于对称式布局。但要注意,中国园林景观建筑在设计时也不要绝对对称,而要相对对称、有规律地对称。例如,故宫轴线上太和殿院内的小品建筑布置,东侧为日晷,西侧则为嘉量,即为相对对称。

植物的配置要注意比例和尺度,应根据植物(树木)的生长期、植物的形态来进行合理的配置。

二、植物配置的方式

在进行植物配置设计时,要综合考虑地形、建筑、铺地材料和构筑物与植物的关系。

植物的功能和作用、特性、种植布局以及植物的选择是整个设计的关键,应群体地而不是单体地处理植物素材。在运用植物进行园林景观设计时,必须先明确设计目标,然后再相应地选取和组织设计。在植物整体设计中,应先进行植物群体配置,在完成群体配置后方能进行各基本规划部分种植设计,最后设计其间排列的单体植物。在植物配置设计中,多选外形美观、奇特的植物(树木),以不规则的株形或行距配置成各种形式。常用的树木配置方式有以下几种。

1. 孤植设计

孤植是指单棵树孤立种植(见图 6-11)。在园林设计中,孤植一般作为园林中独立的庇荫树,同时也作为观赏之用。为了艺术构图的需要,也为了显示树木的个体美、形体美,常将孤植作为园林设计空间的主景,用于大片草坪上、花坛中心、庭院一隅,和山石相互成景。

2. 丛植设计

丛植设计一般将树丛(三株、五株或更多)按不等的株距种植成一个整体(见图 6-12),这是园林设计中普遍应用的方式之一,丛植也可作主景或是配景。丛植配置设计时要符合构图的规律,以展现植物的群体美。

图 6-11　孤植景观

图 6-12　丛植景观(栎树)

3. 群植设计

群植(见图 6-13)是以一两种乔木为主体,多种乔木和灌木搭配,组成面积较大的树木群体。群植树木的数量较多,以表现群体为主,让人具有"成林"的视觉感受。

图 6-13　群植景观

4. 带植设计

林带的组合原则与树群是一样的。带植组合是以带状形式将大量的乔木、灌木栽植在街道、公路的两旁。要是在设计中用作园林景物设计的背景或是用于隔离,一般要采用带植密植以形成树林。

5. 小空间内的植物配置设计

园林景观中的小空间内植物配置设计,主要以近距离观赏的植物为主,如竹、蜡梅、山茶、海桐等,在配置和设计中与石景组合时,注意空间尺度要适中。

6. 大空间内的植物配置设计

园林景观设计中对大空间进行植物配置设计时要用乔木来划分空间,同时要注意最佳视距和视域,并注意和周边的景物配合以组成合适的景观效果。

7. 窗景的植物配置设计

窗景的植物配置设计直接关系到内外空间景观的沟通。此类设计中可以配置各种主题景物。

8. 房屋周围的花木配置设计

房屋周围花木的配置设计应根据房屋的使用功能要求,同时考虑植物本身对生态环境的要求,要处理好树与房屋的基础、管、沟的界限,还要处理好房屋日照、通风、采光的关系。另外,设计时在主要的房间窗口和露台要有良好的观看视距和角度;在处理立面和植物配置时注意统一布局。

9. 假山与植物配置设计

人们大都崇尚自然,向往返璞归真。"园无石不秀,居无石不雅",以自然山石为庭园的主景,已越来越受到人们的喜爱。假山流水、亭廊、树木花草与建筑等共同构筑和谐舒适的环境空间。在选择栽植假山植物时,只适合选取体量小的花木或是垂萝。植物配置选择不好,会造成假山比例失调,达不到预想的景观效果,同时,假山旁的花木要与假山池边的游园小径相联系。

任务 4　水景、建筑小品组景

一、水面组景

园林景观设计中,对自然水面的设计就是将人工设计的水景很好地融入其中,以达到自然的状态。中国古典的山水园林多采用凿池筑山的造园手法,这样的设计有山又有水,同时也和中国古人山水书画相结合,让山水景观更有诗情画意。

(一)水面和池形的设计造景

在园林景观的造园设计中,水面设计是不可缺少的部分。唐代划分水面采用简单的正方形、圆形、长方形和椭圆形等,发展到北宋时期,水面空间的划分开始采用曲折变化,再到南宋时期,苏州园林水面空间的类型变得多样,设计形式更加丰富。水面和池形应按照园林区域的大小、所要考虑到的景观效果来进行设计,同时要考虑水面、池形与周边树木、建筑、山石等景观的关系,在设计中要注意以下几点。

(1)对园林景观中较小的水面空间,设计时主要以聚为主,池形可以选择方形、椭圆形等。

（2）对于园林景观水面空间较大的水池，设计时要注意以聚为主、以分为辅。

（3）园林景观以水为主景进行设计时，可以采用模拟自然界中湖面的手法，除了令水面显得宽阔外还要考虑到湖面周边的园林景观的运用。

（4）园林景观中以建筑、山水、植物为主时，进行水面设计要有聚有分。例如，苏州拙政园的水面空间有大有小、有近有远、有直有曲；景观景物伴随空间的序列，组成很丰富的水面景观效果；拙政园西部水面潆洄缭绕，带来空间幽静、景深延续的效果。

中国古典园林景观的自然式山水水面设计大多采用不规则的形状（见图 6-14），这和西方的池形设计一般采用几何形相区别。水面组景也可采取整形与自然不规则形式相结合的手法。

（二）池岸的岸型设计

池岸的岸型设计应有曲有直、凹凸有序，切不可以锐角作为岸际，大多数岸际应是钝角。岸边的形式和结构要交替变化，一般用岩石叠砌。运用池岸将水面分成不同的标高以构成台阶式的跌水景观时，也要注意动态景观和静态景观相结合。在池岸与水面标高很相近的时候，切忌将池岸砌筑成挡土墙。池岸设计应尽量做到自然合理，以避免过多采用人工手法。

图 6-14　古典园林景观中的不规则水面组景

二、建筑与小品组景

园林建筑是指园林中供人游览、观赏、休憩并构成景观的建筑物或构筑物的统称。在园林景观内设计建筑时，应把建筑的使用功能和建筑周边的优美环境相结合以达到造园的目的，并起到画龙点睛的作用。中国园林景观有院落组合的传统，在功能、艺术上都要求高度地融合，以园为单位创造出多种幽静的环境。

1. 庭院

庭院组景（见图 6-15）时可以布置山石、花坛、盆景、草坪、铺面和小池等景观，也可以独立地设置空间。

2. 小院

小院主要布置在房屋和曲廊侧边，以形成一个组合套院，如图 6-16 所示。这样不仅可以使房屋具有很好的通风、采光条件，还会造就曲折的空间效果。在小院内可种植天竹、蜡梅等。

图 6-15　庭院组景

图 6-16　小院

3. 廊院

廊院是四面围合空间的组合,内外通透,设计时应用景物相互穿插来达到深度要求和满足层次的变化需要。这种空间设计大多以水面景观为主题,以花木、假山为主题景物。苏州沧浪亭的复廊院空间是很成功的廊院实例。

4. 民居庭院

民居庭院分为乡村型与城市型,也分小院与大院。由于各地自然气候、生活方式不同,庭院空间布局也多种多样。民居庭院的类型又分为前庭、中庭、侧庭(也就是跨庭)和后庭,在组景时多与建筑功能、建筑节能相结合。中国民居庭院因地理位置和环境的不同而各具特色。民居庭院内的植物组景多是海棠、木瓜、石榴和丁香之类的灌木,也可设计花池、花台与铺面结合组景。南方民居庭院中水景组合比较普遍;北方民居庭院内较少设置水池,因为气温较低易导致水冰冻。近现代庭院继承了古代庭院的优良传统,如节能、节地(主要是在有限的空间环境中造就景观)等,舍弃不必要的亭阁建筑、假山,而代之以简洁明朗的铺面、草坪、灌木,间以少数布石、水池布置。

5. 亭

现代的亭已引申为精巧的小型实用建筑,如售货亭、茶水亭等。亭的平面形状有圆形、方形(见图 6-17)、三角形、五角形、六角形、扇形等;屋顶形式有单檐、重檐、三重檐、攒尖顶、平顶、歇山顶、卷棚顶等;按布设位置分,亭有山亭、半山亭、水亭、桥亭及靠墙的半亭、在廊间的廊亭、在路中的路亭等。亭既可单独设置,亦可组合成群。亭的位置选择一方面要考虑观赏功能,供游人休憩时眺望景色;另一方面要能点缀园林景观中的风景。也就是说,亭既要满足功能的需要,也要满足环境的需要。

6. 榭与舫

榭(见图 6-18)和舫(见图 6-19)一般设计在水边或水中。榭一般凌空或是傍水筑台,其具体的形态根据环境而定。舫是仿照船的形状建筑的,一般在水中或是靠水的地方,通常也称旱船。舫一般分为前舱、中舱和尾舱,前舱较高,中舱略低,尾舱建两层,供远眺之用。

图 6-17　方形亭

图 6-18　榭

7. 廊

廊(见图 6-20)通常布置在两个建筑物或两个观赏点之间,是连接空间和划分空间的重要手段,一般具有遮风避雨和交通转化等实用功能。设计中如果把整个园林作为一个面来看,亭、榭、轩、馆等建筑在园林中可视作点,廊、墙则可视作线。

廊按位置分,有爬山廊、水走廊、平地廊;按结构形式分,有空廊(两面为柱子)、半廊(一面柱子一面墙)、复廊(两面为柱子,中间为漏花墙分隔);按平面形式分,有直廊、曲廊、回廊等。

图 6-19　舫

图 6-20　廊

8. 楼、阁、轩、斋

楼一般两层高,面阔 3~5 间,进深多至 6 架,屋顶作硬山或歇山式,体形宜精巧。阁与楼相似,重檐,四面开窗,其造型较楼轻快。小室称轩,一般为书房,如图 6-21 所示。斋一般也为书房。

9. 桥

桥有直桥和曲桥之分。直桥(也称平桥)一般用整块石板或木板架设而成;曲桥(见

图 6-22)结构有三曲、九曲等形式,用于有意识地为游人延长观赏路线,增加欣赏水面的时间和娱乐时间。桥栏杆以低矮石板构成。在设计中,为实现桥的用途也可采用汀步,形成自然的效果。

图 6-21　轩

图 6-22　曲桥

10. 墙垣

墙垣一般用于空间的分隔,对局部的景物起衬托和遮蔽的作用。墙垣一般可分为平墙、梯形墙(沿山坡向上)、波形墙(云墙);从构造和材料上又可分为磨砖墙、版筑墙、乱石墙、篱墙、白粉墙。中国园林喜欢应用各种门洞,利用各种曲线、折线来做框景,在墙面上也用空透花格来通视内外空间——这是一种借景的手法。

11. 铺地

园路、小径、庭院铺地是中国园林景观的一大特点,同时也被西方园林借用。唐朝时期就有花砖铺地。苏州园林和北京故宫御花园等多采用铺地做法。

12. 内外装修与组景

装修又叫装饰,就是对庭园的室内空间和室外空间进行美化。园林景观设计中对建筑细部构件进行设计时,要考虑和周边的园林环境景观搭配,要求精巧秀丽、生动有趣,避免呆板。现代园林景观设计中,通过合理应用材料,达到简洁、质朴、美观的设计组景效果,需要有创新的能力,要在把中国传统园林景观这一文化遗产传给后代的同时,在传统的基础上创新设计,以实现技术和艺术的完美结合。内外装修与组景设计中常采用廊格框景的手法,如图 6-23 所示。

图 6-23　廊格框景

13. 园林小品(器具和陈设)

园林小品是园林景观设计中艺术设计的综合表现部分。

按照各个民族文化的特性,综合性的器具、陈设品类也是各不相同的。中国园林景观中,小品（陈设器具）可以说是艺术精华的展览,皇家园林、苏州私家园林都能体现此特点。通常,这些器具、陈设小品布置在庭园室外空间的导游路线上、庭园四角处、建筑出入口两侧和游览路线的转折点处。园林器具小品常为石刻、石雕类,如石案、石椅、石凳（见图 6-24）、石墩（见图 6-25）、石鼓、日晷、石水盆、石灯笼等。园林小品在庭园中常与花木、水池组景。

图 6-24　园林小品（石桌、石凳）

图 6-25　园林小品（石墩）

园林陈设小品常为花台、花池、鱼缸、盆景池座、花格架、藤萝架、照壁砖雕、窗格等,另有室内书画、壁画、匾额、对联、各种家具陈设等同园林景观融为一体,作为综合艺术共同展现中国园林景观特有的艺术和风格。

思 考 练 习

1.园林景观中植物配置的方式有哪些?
2.中国古典园林中造景的手法有哪些?
3.园林景观空间布局可采用哪些手法?

项目六
景观绿地规划设计标准

教学要求

    使读者掌握现代城市景观设计的原则、城市绿地规划设计的原则等内容,能正确地运用设计手法及艺术构图的原理,合理安排各景观要素,对各类场地进行规划设计,逐步成为城市景观规划设计的专业人才。

    让读者通过对城市绿地规划设计理论的具体了解和分析,掌握在城市中如何运用园林物质要素,以一定的科学、技术和艺术规律为指导,充分发挥城市绿地的综合功能,因地、因时选择城市园林绿地类型,进行合理规划布局。

能力目标

    1. 准确分析各类城市景观的性质及功能。

    2. 准确掌握规划设计原则及依据。

    3. 运用植物、建筑、山石、水体等园林景观要素,进行各类城市景观的规划设计。

    4. 独立进行城市景观规划设计的基础资料及文件编制。

知识目标

    1. 掌握城市景观的相关概念及景观规划的基本原则。

    2. 掌握城市景观规划设计的演变与发展。

    3. 掌握城市景观规划的基本理论。

    4. 掌握城市景观设计三要素、城市景观规划的内容和要求。

    5. 掌握城市绿地的功能和类型、城市绿地的指标及规划原则。

    6. 掌握公园总体规划设计的内容和要求。

    7. 掌握公园规划设计的理论和要点。

素质目标

    1. 培养并加强读者对城市景观环境的保护意识。

    2. 培养并加强读者对城市景观规划设计可持续性发展的意识。

    3. 增强读者的创新意识和敬业精神。

任务 1　城市景观

一、城市景观的概念

城市景观（urban landscape）是指在城市某个特定的地方设置的景观，以调节人地关系和可持续发展为根本目的，是自然景观与人工景观的有机结合。大到城市的整体形象和各类大型场所，小到城市中的单个场景或城市小品，都属城市景观，如街道、广场、建筑物、园林绿化及居民自家的小庭院等。它在人类聚居环境中固有的和所创造的景观美，可使城市具有自然景观艺术，使人们的城市生活具有舒适感和愉快感。关于城市景观的研究逐步发展，涉及很多方面，扩展到对社会因素的关注和对城市本质的关注，而不再是单纯的美学因素。

广义的城市景观大致包括四个部分：一是城市实体建筑要素，城市建筑内的空间不属于城市景观的范畴；二是城市空间要素，包括城市广场、道路及公园和城市居民自家的小庭院；三是基面，主要是城市路面的铺地；四是城市小品，如广告栏、灯具、喷泉、垃圾桶及雕塑等。

城市景观是一个系统，是一个有机整体，城市景观中任何一个元素都十分重要，都是景观整体系统不可忽略的组成部分。城市景观中的实体建筑要素和城市空间要素如同红花，基面及城市小品如同绿叶，红花固然重要，但离开绿叶的衬托，也难以达到理想的效果。

历史证明，世界上被人们所称赞的城市多半是建筑和景观和谐统一、刚柔相济、相辅相成的。丰富而优美的城市空间景观环境，让人们生活在其中感到舒适、愉悦，并使人们拥有健康而丰富的物质生活和精神生活内涵。

二、城市景观与相关名词

（一）城市景观设计与城市规划

城市规划是一门由来已久的学问，在古代，不管是东方还是西方，城市规划思想就已出现。在历史长河中，不同地区、不同民族的人们根据当地的气候环境、自然地貌等因素，创造出适合居住的生存环境，并为此不断奋斗、总结经验，从而组成了各个地区特有的城市规划体系。由此看来，城市规划是研究城市的未来发展、城市的合理布局和综合安排城市各项工程建设的综合部署，是一定时期内城市发展的蓝图，是城市管理的重要组成部分，也是城市建设和管理的依据。因此，城市规划是城市景观设计的基础，城市景观设计是城市规划的完善。城市规划是大的方向，城市景观设计是局部的细化。所以，城市景观设计要符合城市规划的方向，按照城市规划的大前提做好相关的细化。

（二）城市景观设计与城市设计

城市设计是城市规划的一部分。城市规划相对而言比较抽象和数据化，城市设计则比较具体和图形化。对于不同的设计师和理论家来说,城市设计所包含的内容有所不同。大多数人认可的城市设计的定义是,关注城市规划布局、城市面貌、城镇功能,并且尤其关注城市公共空间的一门学科。随着人们生活水平的提高,人们对生存环境的要求也越来越高。为了改善人们的生存环境,提高城市的综合质量,城市设计开始偏重对景观设计或者建筑设计提供参考和指导框架,而非具体的景观设计或建筑设计。这使城市设计介于城市规划和城市景观设计之间,城市规划涵盖城市设计,城市设计又包含城市景观设计。城市设计作为一种整体规划概念,它不仅关注人们视觉上的审美感受,还注重环境质量与社会经济等各方面的要求,而城市景观设计则更注重人们视觉上的审美和心理上的享受,是一个城市整体形象的具体表现。

(三)城市景观与城市环境

城市环境泛指影响城市中人类活动的各种外部条件,包括自然环境、人工环境、社会环境和经济环境等,是人类创造的高度人工化的生存环境,为居民的物质和文化生活创造了条件。城市环境包含的范围极广,一切人类生存的条件和要素都属于城市环境的范畴,如工业、建筑、交通、运输、文化娱乐等。城市景观是构成城市环境的一部分,因此城市环境包含城市景观。

三、城市景观与相关学科

城市景观设计是景观设计的一个分支,主要强调"城市"这个范围。作为一门年轻的综合性边缘学科,它与很多学科有着密不可分的关系。从广义上讲,城市景观包括人文景观和自然景观,涉及人文科学和自然科学等领域的知识。

首先,城市景观是人们为了改善生活环境和质量而创造的,必须以人为本,对人体和人的心理的研究是城市景观设计的基本依据。人体工程学中对人体的活动范围和人体尺度等方面的研究为城市景观设计提供了生理方面的依据,如作为确定人和人际交往活动在景观中所需空间的主要依据,作为确定景观设施的形体、尺度及使用范围的主要依据,提供适合人体的景观物理因素的最佳参数,其对视觉要素的计测为景观视觉设计提供科学依据等。

其次,心理学从人们对景观的认识、理解和创造的角度,为城市景观设计中对人的行为模式和心理态度影响进行分析提供了科学依据。人们根据自身的需要设计创造了城市景观,景观反过来也使人们产生了一定的心理感受,能引导人们更文明、更有效地进行各种活动。人在心理空间要求受到限制时,会产生不愉快的消极反应或回避反应。心理学对探讨人与景观的最优化关系(创造怎样的城市景观最符合人们心意)起到了重要作用。

再次,城市景观与生态学有着密切的关系。现代城市景观是在尊重自然、维护生态平衡的基础上对人类生存空间进行有效治理、开发与设计的。目前,城市所面临的交通问题、住房问题、环境污染等一系列城市通病,很大程度上是由于不合理的景观生态布局使城市内部各要素之间不能相互协调,从而削弱了城市生态经济系统的功能而形成的。如果说生态学只是为景观园林提供一部分目标及原则,稍稍涉及一些原理和途径,那么景观生态学的兴起则为园林景观学和生态学两门学科互相引进、互相借鉴,在理论和实践上进一步融合提供了契机。

最后,城市景观还融合了其他多门学科的理论,并与之相互交叉渗透。现代城市景观主要涉及建筑学、城市规划、园林学、植物学、光学、声学、环境科学、人类文化学、测绘、计算机技术等学科的理论知识。当然,城市景观与艺术、美学更有着密不可分的关系。园林景观学是建立在艺术、美学基础上的一门学科,是科学与艺术的完美结合。随着新兴学科的不断发展,城市景观设计的理论、方法也在不断地发展和完善,变得更加合理,更符合可持续性发展的要求、符合人类发展的需要。

任务 2　城市景观规划设计

一、城市景观规划设计的演变与发展

城市景观规划设计是一个新兴的概念。景观设计可以追溯到原始社会人类在洞穴岩石上画的壁画,而城市景观规划设计则要从城市的出现谈起,它的发展经历了一个复杂的过程。

(一)工业社会的城市景观规划设计

18 世纪中期,在英国兴起的工业革命席卷整个欧洲,使得西方各国的生产力发生了质的飞跃,同时工业革命的到来也对城市生活环境产生了巨大的影响。

工业革命以后,工人生活条件越来越恶劣,于是,统治阶级开始尝试新的城市规划理念,由此诞生了真正意义上的城市景观规划与改造。英国当时的城市、邻里单位、步行商业街及旧城区的改造与更新等以城市景观为重要内容的形态建设规划,对世界的建设思想和城市景观设计产生了巨大影响。19 世纪末,由于经济的增长及人们对娱乐休闲的需要,在美国产生了城市艺术运动和城市美化运动及"城市改良""景观设计"等理念。这些理念注重城市小品等装饰设计的问题,却忽视了城市内部组织关系。

(二)后工业社会的城市景观规划设计

后工业社会即信息社会。最早提出和界定后工业社会概念的是丹尼尔·贝尔。他把社会历史划分为三个阶段,即前工业社会、工业社会和后工业社会。他认为,后工业社会以理论知识为中轴,人与人之间通过知识进行竞争,科技成为社会发展的核心力量。

从 20 世纪六七十年代开始,许多发达资本主义国家进入了后工业社会。这一时期的城市景观规划设计出现了生态化、人文化、科技化和个性化等新的特点。

自然资源枯竭和环境污染等环境危机使人们从工业时代的富足梦想中清醒过来,设计师从对美与形式及优越文化的陶醉中走出来,开始关注自然,关注其他文化中体现的人与自然的关系。

二、城市景观规划设计的现状

随着城市规划设计师与景观设计师为城市增添了许多绿色空间，城市景观不再如过去一般沉闷，城市的发展不仅只是提升某一处的办公楼或者住宅的景观，也包括为在这里生活和工作的人们提供一个心灵栖息的场所。从这个角度来说，人类与城市相互依存。城市由其平面结构、建筑物的天际轮廓、街道设施、区域地标、开放空间、植栽景观等构成，这些都是人在选择和被选择的行为方式下形成的物质形态，其间蕴含着深厚的自然法则、社会心理、人文情感和历史沧桑，这些又是人类文明的体现。

人类必须思索城市传承发展的方向，更为自觉地运用广泛的知识与丰富的想象力和创造力，发展城市环境的规划、建设和管理，提升城市生态环境质量，促进城市的合理布局，实现经济效益与生态效益的统一。

三、城市景观规划设计原则

任何一种设计都要以一定的思想观念为指导，都要贯彻一种思想文化观念。城市景观设计必须着眼现在，放眼未来，既要有传统的内涵，又要富于时代感。城市景观设计要将设计原则贯穿其中，应遵守以人为本、审美性、生态性、整体性、地域性、时代性等基本原则。

（一）以人为本原则

人是城市空间的主体，任何空间环境设计都应以人的需求为出发点，体现对人的关怀，根据婴幼儿、青少年、成年人、老年人、残疾人的行为及心理特点创造出满足其需要的空间。城市是人类聚居生活的地方，城市环境的核心是人，基础是自然环境。城市环境中，各种各样的景观因素都是人类为满足自己活动需要而建筑的。以人为本原则就是要充分考虑人的安全、情感、生理及心理的需要，景观的布局与尺度要符合人的视觉观赏位置、角度以及人体工程学等要求。例如，进行景观规划设计时，既要根据成年人、青少年等人群的行为、心理特点设计座椅的尺寸、过道的材料和宽度及植物的高矮配置等，更要考虑到特殊人群——老人、儿童及残疾人士对景观环境的特殊要求，为其设置休息区、专用人行道、盲文标识及专用公厕等细节设施（见图7-1）。时代在进步，人们的生活方式与行为方式也在随之发生变化，城市景观设计应适应需求的变化。

另外，安全性是以人为本原则的基本要求，也是景观设计的关键因素，其他一切因素都要建立在安全性的基础上，没有安全做保证，一切都无从谈起。安全因素涉及很多方面，如材料、结构及施工等。材料方面的安全性主要指该材料是否污染环境，是否会给人们造成伤害，同时还要考虑到材料的使用寿命等，在一些关键性的结构上，材料的使用寿命尤为重要。结构方面的安全性主要指各方面的构造要符合物理特性，遵守力学法则等。施工方面的安全性主要指不能偷工减料、以次充好。

（二）审美性原则

城市景观规划设计的审美性可以体现在独特的创意及独特的文化内涵等方面。任何设

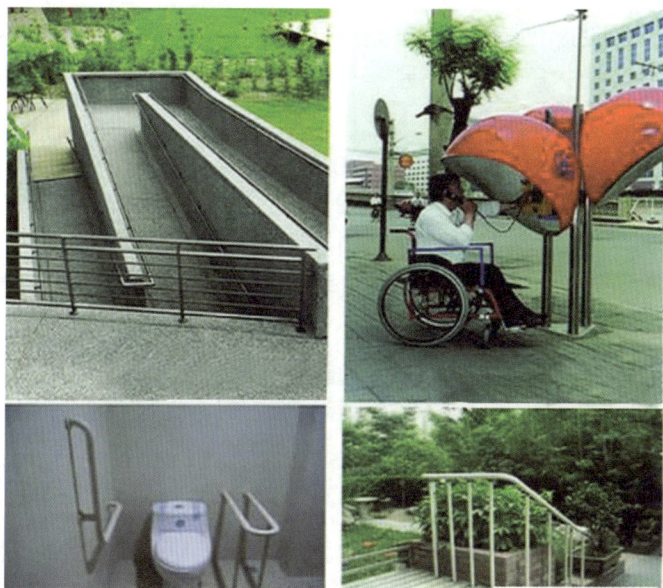

图 7-1　特殊人士无障碍设施

计的灵魂都是创意,城市景观设计也不例外。首先,形式新颖、创意独特是创造具有高品位的审美性景观的必要条件(见图 7-2)。其次,要体现城市景观设计的审美性,必须从不同的角度去思考和观察,既要考虑到人工美、自然美、造型美及工艺美等,又要考虑到整体的和谐美(见图 7-3)。再次,城市文化是城市景观的内涵,城市景观是城市文化的外在表现。审美性的差异来源于丰富多彩的个性文化内涵。中国标志性景观建筑和历史遗迹,城市中的一段古城墙、一座古桥、一个古寺等,无不体现着极其丰富的历史文化内涵。

图 7-2　创意新颖的城市景观设计

图 7-3　形式多样的和谐美

（三）生态性原则

在人与自然关系日益恶化的今天，人类开始关注生存和可持续发展等问题，城市景观的设计思想和方法发生了重大的改变，特别是引入了生态学思想。生态结构健全成为人居环境的根本要求。

一方面，景观的生态性设计要尊重自然，维护自然界本身的调节功能，以维持生态平衡。在景观规划设计时，应充分利用自然界中的原有资源，因地制宜：利用原有的地形及植被，避免大规模的土方改造工程，尽量减少因施工对原有环境造成的负面影响；减少水资源消耗和浪费，把握好自然降水的回收和利用；维护生物多样性，保护野生动植物，保护湿地生态系统等。

另一方面，要在自然优先的前提下，合理地、有意识地营造良好的城市生态系统。通过绿景、水景、山景、石景等人造景观来改善环境，可起到改善城市小气候、净化空气、防风固沙等作用，达到可持续发展的要求。

（四）整体性原则

城市景观规划设计是对城市整体形象进行全面设计，它是一个综合的整体，由众多复杂因素构成，而不是孤立地对某一景观元素进行设计。城市景观规划设计必须有一定的经济和政治支持，符合自然的规律，满足人的需要，不能脱离人类的审美要求等。城市景观反映的就是各要素组成的复合效应，而不是各构成元素的独立效果。所以，城市景观规划设计必须遵循整体性原则，整体分析、研究，合理布置各项景观要素。

（五）地域性原则

地域性原则是相对于整体性原则存在的，它强调的是一个城市的地方特色，即个性化发展。较西方的景观设计而言，我国的景观设计起步较晚，还没有形成完整的设计理念和健全的设计体系。目前，我国大多数城市景观盲目模仿西方的模式，导致城市景观出现大众化、相似化及同一化。很多城市已丧失了地理特征或地方特色，地域性区别不明显。每个城市都有其独特的历史文化、自然地理环境、民族特色及建筑风格，这是我们必须关注和考虑的。随着城市规模的扩大，人类对城市环境的要求越来越高，人类更应该重视个性化设计，体现每个城市的地域性特色，让城市景观更加丰富多彩。（见图7-4）

（六）时代性原则

为了更好地创造适宜的生活环境，人们不断思考、创新并总结经验，对不好的环境加以改善的同时，将好的历史文化传承下来。许多受当时社会的经济、政治、文化、习俗等影响的人文景观从侧面反映了当时社会的物质和精神文明，是一个时代特色的展现。可以说，城市景观是城市在时间和历史长河的冲刷中遗留下来的艺术。设计师要想设计一个好的城市景观，使景观经得住时间的洗礼，在进行城市景观设计时，必须深刻分析这个时代的背景，充分考虑在这个时代背景下大众的审美观及价值取向，利用先进的科学技术，把富有时代性的城市景观展现给大众。迪拜阿拉伯塔酒店（"帆船"酒店）就是一个能体现时代性原则的优秀城市景观，如图7-5所示。

图 7-4　独具特色的昆明翠湖公园

图 7-5　迪拜"帆船"酒店

四、城市景观分类设计

(一)城市建筑设计

建筑是城市中最为重要的物质构成和景观要素,建筑与城市空间彼此影响、相互制约。城市建筑设计主要是指以建筑外在造型为主体背景的城市空间环境设计。建筑设计在外部形态上,具有一定的时代特征,反映着某个时代的社会发展状况,与周围环境和城市历史文脉相协调。

1. 城市建筑的景观特征

建筑总是以某种物质的、外在的形式存在,这使人们对建筑的更多认识在于建筑自身随时间和地域不同而表现出的不同类型的形式和风格,如古代建筑和现代建筑,中国建筑与欧洲建筑。城市建筑错落有致的构成、大小形状不一的造型、点线面的组成形式等,无一不增加着城市景观的丰富性和层次感。城市建筑的景观特征表现在建筑自身因素、建筑及群体的构成形态、建筑景观轮廓线等方面,对整个城市景观的视觉效果有着重要影响,如建筑形状丰富多样的上海外滩(见图 7-6),造型独特的悉尼歌剧院(见图 7-7),整体采用钢架结构的埃菲尔铁塔(见图 7-8)。

图 7-6　上海外滩

2. 城市建筑设计原则

1)满足城市对建筑的要求和控制

通常,建筑设计构思是一个由内向外、再由外向内的反复思考过程。由内向外的过程表现为建筑物的内部使用功能、建造方式等对设计中的建筑物造型的要求和限制;而由外向内则是外部环境对建筑形态和组合的要求和限制,不仅包括形体要素内容,还必须结合特定的社会、文化和环境背景、城市公共生活等因素综合考虑。

图 7-7　悉尼歌剧院

图 7-8　埃菲尔铁塔

城市公共空间和城市景观是城市建筑设计最重要的依据。城市结构决定城市空间及建筑的功能和空间的形状、大小、尺度,提出作为空间界面的建筑物的功能性质组合、建筑物高度和造型等方面的要求,有时还提出作为视觉构图中心的建筑物的体形设计的要求。城市对建筑要求的具体内容包括建筑体量、高度、容积率、密度、外观、色彩、风格、材料质感等。

2)遵循模式,塑造城市空间形态格局

任何城市都是在不断发展的,在其发展历史中总会表现出一定时期相对稳定的特征,形成某种模式。这种模式在建筑形式上通过造型语言、装饰符号、材料、色彩、结构、营造技术等方面表现出来,而城市结构、标志物、城市肌理及建筑、公共空间的尺度和相互关系,成为城市景观设计需要重点考虑的方面。

3)使建筑和城市空间和谐

在进行建筑景观设计时,必须认识到建筑形式依赖于它们自身与城市空间的关系,建筑

图 7-9　巴黎香榭丽舍大街

创作尊重原有城市和建筑的特征,意味着城市空间应与建筑空间和谐。所谓和谐,一方面指统一协调,即注重城市文脉,使新建筑与原有建筑融合,取得新的整体性;另一方面指对比协调,即新与旧之间有明显的区分,通过对比来对话。

(二)城市道路设计

城市道路是城市交通系统的重要组成部分,是城市发展的基本骨架,也是城市公共空间的一个重要元素。从景观层面上看,道路是城市景观结构的重要组成要素,是重要的城市景观廊道,是体验城市景观的基本路径,也是组织城市景观要素的基本框架,甚至可以成为城市的象征,如巴黎香榭丽舍大街(见图 7-9)。道路有广义和狭义之分,广义上道路指以步行为主要交通方式的街道和以机动车

交通为主的道路；狭义上则单指后者。城市景观规划设计中所指的道路通常是广义上的道路。

1. 城市道路的形态设计

城市道路呈现出各种形态，可以从宏观和微观上分别分析。从宏观上讲，城市道路归纳起来主要有格网形、放射形、环形和不规则形等，如图 7-10 所示；从微观上讲，道路的形态可以自由变换，有弯曲的、笔直的、宽窄变化的以及沿地形迂回曲折的（见图 7-11），等等。不同的道路景观格局源于不同的文化传统和习俗，不同的道路形式也给人以不同的视觉感受，并能渲染出城市的不同文化性格。

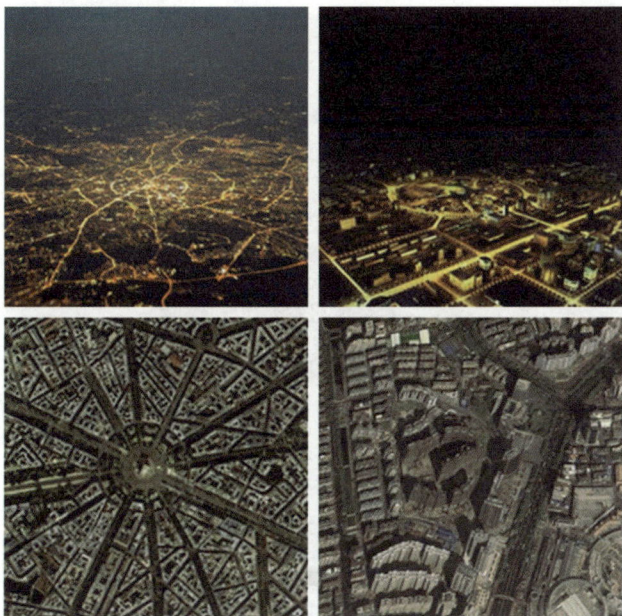

图 7-10　道路的各种宏观形态　　　　图 7-11　城市道路的微观形态（迂回曲折）

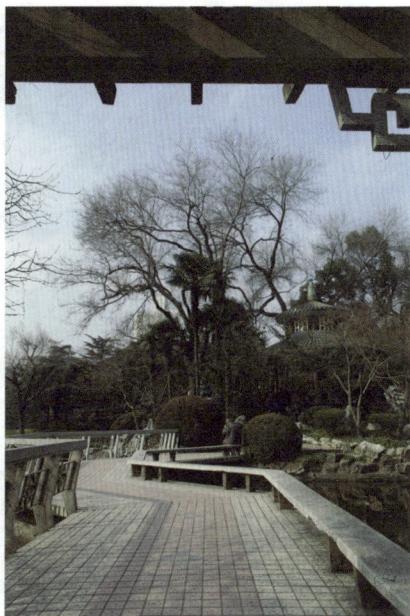

2. 城市道路的分类设计

按照不同的依据，城市道路可分为很多种：根据景观属性不同，可以分为交通性道路、商业性道路、生活性道路和游览性道路；根据景观具体特征不同，可以分为景观大道、步行街、自行车道等；根据道路景观尺度不同，可以分为快速路、主干道、次干道、支路等。

在进行城市道路设计时，道路种类不同，注意事项也有所不同。例如，交通性道路，流量大是其主要特征，其主要功能是保证各种交通方式通畅、安全地运行，所以在设计这类道路时，应充分考虑其宽阔性、平整性、耐磨性；商业性道路，由于聚集了比较多的人，因此应设置足够宽的步行道；游览性道路，具有很强的观赏功能，有时会辅以休闲娱乐功能，设计时应该注意道路两侧空间的变化，疏密相间，留有透视性，并有适当的缓冲草地，以开阔视野，并借以解决节假日、集会人流的集散问题。

另外，城市景观道路的尺度和分布密度应该是人流密度客观、合理的反映，且在交叉点的设计上应做到主次分明，在宽度、铺装、走向上应有明显的区别。

3. 城市道路的材质设计

道路基面的主导材质暗示了景观道路的性格。进行道路设计时,应根据街道的具体性质、功能及景观属性的不同,对街道的材质进行合理的设计,采用某一种或几种材质作为主导,以突显街道的独特性格。同时,不同的材质对应不同的景观特征,久而久之,也会具有特定的文化内涵。材质的选择与应用最好能够与街道所在地区的文化、自然环境相协调,这样能够使街道具有鲜明的地方文化的标志性。例如,可塑性强的水泥给人以庄重、严肃的视觉印象;光滑的金属给人以现代、流畅的视觉感受;粗糙的石材给人以静逸、质朴的心理感知等。(见图7-12)

图 7-12　不同材质的道路

(三)城市水景设计

人们对水有着与生俱来的亲切感,城市中的水体象征着文明与灵性。它的波光,渲染着城市的生机与艺术的魅力;它的风韵、气势,能给人以美的享受,引起人们无限的联想。它较其他任何一种自然物,都更能深刻地显现人类历史文化的内涵和外延。

1. 城市水景的概念

城市水景是城市景观的组成部分,是结合所属领域的其他构成要素形成的,可供人们驻足、休憩、观赏、参与的城市开放性水景空间,同时满足人的各种感观行为体验和城市整体生态环境的可持续性发展。

2. 城市水景的分类

1）按形态分类

城市水景按形态的不同可分为以下四类。

（1）以静水为主的水景造型。静水是指呈片状汇集的水面，在城市中以湖、海、池等形式出现。静水是"平静"的，在风的吹拂下，静水会产生微动的波纹或层层浪花，表现出水的轻微动感，如图 7-13 所示。

（2）以流水为主的水景造型。流水景观（见图 7-14）形态一般呈弧形或带状，曲折流动，水面有宽窄变化，以设置不同坡度和恰当地利用水中置石、水边植物等创造不同的景观来表现水流的跃动感，创造欢快、活泼的水流。在流水景观设计中，流水又分为自然流水与人工流水。

图 7-13　静水景观

图 7-14　流水景观

（3）以跌水为主的水景造型。此类水景（见图 7-15）利用天然地形的断岩峭壁、台地陡坡，或人工构筑假山形成陡崖梯级，造成水流层层跌落、水幕飘垂的效果，与雕塑配合艺术效果会更强烈。

（4）以喷泉为主的水景造型。喷泉是由压力水通过喷头喷射而构成的，造型自由度大、形态优美，是水在外力作用下形成的喷射现象。喷泉（见图 7-16）是城市环境中常见的水体景观形式，造型多变，喷射方式可调节，灵活性极大。

图 7-15　跌水景观

图 7-16　广场喷泉

2）按应用类型分类

城市水景按应用类型的不同可分为以下四类。

（1）城市装饰水景。城市装饰水景强调的是城市公共空间中水对其他景观元素，尤其对建筑、广场等硬质环境，起到的统一、补充、强调和美化的作用。常见的城市装饰水景有水池、跌水、造景喷泉、水渠或水道等。

（2）城市休闲水景。城市休闲水景强调的是人与水的互动性，重点是人和水的亲近关系，激发人们对水全方位的感受，如儿童戏水池、游戏喷泉、游泳池、海洋公园、水族馆、城市湖体等。

（3）城市庭院水景。城市庭院水景是与人的居住环境最为密切的一种水景形式，既有装饰作用，又有一定的休闲性质，如种植池、养鱼池、小型跌水或瀑布等。

（4）城市天然水系。在很多城市中都有天然的湖泊、河流或者人工修建的运河等水体，有的城市位于滨海或滨河。这些城市水体一般都比较大，具有交通运输、城市排蓄水的实际用途，在城市景观中多作为基底，对其他景观起着衬托作用。在这类水体中，人工的作用多体现在对水岸的改造、修建构筑物及以现代化的人造景观来美化水路分界线等。这类水景的代表有城市滨海景观、城市滨水景观、城市河道景观、城市湖体景观等。

3. 城市水景设计原则

1）自然生态原则

自然生态原则是城市水景设计所要遵循的首要原则。设计城市水景必须依据景观生态学原理，模拟自然江河岸线，以绿为主，运用天然材料创造自然生动、丰富多样的滨水景观，进一步保护生物多样性，净化水体，从而构架城市环境走廊，实现景观的可持续发展。

2）文脉延续原则

一个城市的历史人文是独一无二、不可复制的，在发掘城市个性魅力时，它应该是主角。滨水区域是城市发展最早的区域，城市的滨水区域总是蕴含着丰富的历史文化，所以滨水区域景观的规划设计应注重历史人文景观的挖掘，要考虑区域的地理、历史、环境条件，发掘历史传统人文景观资源，同时满足使用功能和观赏要求。只有这样，才能创造出思想内涵深刻、独具特色的滨水景观。

3）以人为本原则

以人为本是当今及将来的社会发展所要追求的，城市景观设计的最终目的是服务于人，因此理当遵循这一原则。在景观设计领域，设计不同的场所时以人为本思想的体现也存在差异。在水景设计时，以人为本原则体现为注意亲水性、开放空间及无障碍绿色步行系统等的设计。

（四）城市铺装设计

铺装是城市景观设计中的一个重要元素，它在带给人们视觉感受的同时也带给人们触觉感受。在城市景观中，无论是游步道、广场还是亲水平台等活动空间，都要进行铺装，从而满足人们使用的需要。铺装材料、图案设计及施工的质量对活动空间以后的使用及整体的景观效果有很大的影响。

我国传统园林中的铺装材料非常丰富,如青砖、碎瓦、卵石等,铺装的图案非常精美(见图 7-17),有时常常含有某种寓意,以烘托主题和意境。随着科技的发展,新的铺装材料层出不穷,不断被应用到城市景观设计中来,结合传统的铺装材料,使铺装的形式越来越多样化。铺装是门艺术,铺装材料应根据场所的不同具体选择,铺装的图案、色彩等要和周围的环境相协调,形成整体美。

铺装材料可以分为天然材料和人工材料两大类。天然材料主要为石材和木材。石材质地、色彩繁多,可根据设计需要来选择。随着木材防腐处理技术的提高,防腐木的使用也越来越多(见图 7-18)。近年来,人工材料由于其透水性好、价格便宜,并可根据设计需要选择相应的颜色等,在城市景观设计中应用越来越广泛。

图 7-17　精美的铺装图案　　　　　图 7-18　防腐木亲水平台

城市景观以人为本的设计理念同样也体现在铺装设计上。例如,在有水景的地方,材料的选择上要考虑防滑功能,以免存在安全隐患。此外,通过特殊的铺装方式可以反映城市的历史文化。例如,在铺装上雕刻能反映历史文化的图案或文字,既能起到装饰作用,又能反映当地的历史文化,起到教育和宣传的作用。

(五)城市色彩设计

色彩是城市景观规划设计中重要的设计要素之一,也是城市景观中最容易创造气氛和情感的手段之一。在城市景观规划设计中,色彩的运用可以加强景观造型的表现力与统一性,丰富景观空间的效果,在一定程度上体现城市景观的整体风格。

1. 城市色彩的定义

城市色彩是城市广义规划管理的一部分,是由道路、桥梁、楼宇、公共设施、山脉、水系、动物、植物等要素构成的城市环境的直接表现。

2. 城市景观的色彩组成

从色彩的物质载体性质的角度来说,组成城市景观的色彩可以分为三类,即自然色、半自然色和人工色。

自然色是指自然物质所表现出来的色彩,如天空、水体、植物等的色彩。自然色来自大自然,绝大部分属于非恒定的色彩因素,会随时间和气候的变化而变化,是不可控制的。在城市景观色彩的设计中,可以通过控制自然色在空间中的面积和位置,并与其他色彩因素搭配组合,达到理想的色彩效果。

半自然色是指经过加工但不改变自然物质性质的色彩,如加工过的各种石材、木材和金属的色彩。半自然色虽然经过加工,但仍具有自然色的表现特征,在配色上很容易与自然色取得协调。

人工色是指通过人工技术手段创造出来的色彩,如各种瓷砖、玻璃、涂料的色彩等。人工色往往比较单一,缺乏自然色和半自然色那种丰富的全色相组成,在使用时需要慎重。但是人工色可以调配出各种色相、亮度和纯度,可以用于建筑、小品和铺装上,色彩的选择比较多样。

3. 城市景观色彩规划设计的原则

1)系统性原则

系统性原则是指特定色彩组合方式在整个城市街道空间中占主导地位,给人以整体统一的印象,其色彩有统一的系统结构,条理分明、组织严谨,具有整体性。色彩系统性原则可以统一色彩或统一色系,通过控制色彩使用的位置、使用的频率、形式与面积来达到色彩的整体性、系统性。色彩系统性原则能达到空间整体统一的效果,可以避免城市色彩过于混乱、连续性不够、缺乏秩序与特色等问题。地中海风格建筑形成的城市景观就较好地体现了色彩的系统性原则,如图 7-19 所示。

图 7-19　地中海风格建筑

2)目的性原则

城市色彩决策的目的性原则就是要使色彩标志易识别,使城市显得有序、安全、安宁。如果没有红绿灯、道路双黄线等色彩标志,城市行人的安全将要受到严重威胁。由此可见,用艺术的眼光来评判城市景观的色彩时,人们更希望从心理、生理的角度及管理的角度,也就是从色彩的功用性角度,来决策和使用色彩。

有人认为,北京出租车的色彩导致北京满地"黄虫",但我们必须承认,这种黄色能给人以深刻的印象。这种色彩所代表的形象就非常明显。由此可见,在城市景观色彩的规划设计中必须注重色彩的识别性,形成功能性强、色彩丰富且具有特色的色彩组合。

3)多样性原则

系统性原则规定了建筑的稳定性与丰富性,但这绝不意味着建筑色彩的单一性。一个丰富稳定的色彩,它本身就是多样的。建筑由于受地理景观特质的影响,这一组成城市色彩的物质载体也是丰富多彩的。这种色彩的多样性可使色彩空间形成良好的美感、层次感、节奏感、韵律感等,构建出富有韵味、充满活力和特色的城市景观色彩环境。墨西哥建筑形成的城市景观就能体现色彩的多样性原则,如图7-20所示。

4. 城市景观色彩组织的方法

城市景观色彩获得整体性与多样性效果需要通过一定的色彩组织方法来实现。这些方法包括统一、均衡、形成韵律、进行强调、引导秩序等。

5. 色彩在城市景观规划设计中的应用

1)建筑景观的色彩

由于建筑都是人造的,所以其色彩可以人为控制。建筑景观的色彩需要结合气候条件设置,一般南方地区以冷色调为主,北方地区以暖色调为主;应考虑群众爱好与民族特点,如南方地区的人们多喜欢白色,而北方地区人们多喜欢较暖的色彩;与周围环境既要协调,又要形成对比;与建筑的功能相统一,如休息性的建筑以具有宁静感觉的色彩为主,观赏性的建筑以醒目的色彩为主。

2)绿化景观的色彩

在城市景观色彩构成中,植物具有举足轻重的作用。植物可以将城市装扮得很美。在景观中设计植物要发挥其丰富的色彩作用,还必须与周围的环境相统一。绿化景观的色彩可以通过单色处理、两色配置及多色配合(见图7-21)三种形式来处理。

图7-20　墨西哥建筑

图7-21　多色配合的绿化景观

(六)城市照明设计

城市景观照明是随着社会经济和建设的发展而产生的,是采用照明技术来装饰和强化景观效果的一种行之有效的方法。通过夜晚景观照明可以再塑一个城市的形象,展示其风貌。景观照明是人文与自然景观的有机结合,是城市景观规划设计的重要组成部分之一。

1. 城市照明的定义

城市照明设计是为了达到安全和美化的目的,对城市元素进行夜间的亮化处理。城市照明分为功能性照明和艺术性照明两大类。

2. 照明灯具的种类及选择

城市景观种类不同,城市景观里灯具的种类也不相同。有学者把城市照明灯具分为路灯、步道与庭院灯、高杆灯、低位灯(草坪灯)、投射灯(泛光、小型投射灯)、下照灯、埋地灯、壁灯、水下灯、嵌入式灯、光纤照明系统、太阳能灯等类型,由于适用场所的不同,这些灯具在功能和景观上的侧重又有所不同。

城市景观照明灯具的选择标准是美学、功能和机械特性相统一。在选择灯具时,需要考虑环境的属性与气氛要求,照明对象的形态特征,具体的照明方式,灯具是否配备了适合功率的光源,灯具是否可以更换不同的光源,灯具的可调节性,灯具表面的眩光能否得到很好的控制,灯具是否易于安装其他附件等问题。

另外,灯具的选择应考虑所选灯具在安装时是否具有隐蔽性。"见光不见灯"是城市照明设计的一种境界。城市照明设施一般布置在被照射物体附近,并要注意隐蔽,位置不当则会给行人和环境带来不利影响。因此,照明灯具一般要尽可能隐蔽起来,既维护城市环境,又便于管理。

3. 城市景观照明的具体方法

1)投射照明

投射照明(见图7-22)也叫泛光照明,是应用十分广泛的一种照明类型,主要特征是利用投射灯照射物体的表面,再通过物体表面的反射,使物体具有高于周围环境背景的一定亮度。投射照明适用于大型公共建筑或纪念性建筑等立面照明及一些珍贵植物的照明。

2)轮廓照明

轮廓照明是以黑暗的夜空为背景,利用景观周边布置的灯,将景观的轮廓勾画出来。对于高大景观,轮廓照明主要是对其外部轮廓进行勾勒,对景观立面则基本上没有进行照明;对于小型景观,轮廓照明需要考虑轮廓灯的勾勒部位、数量、图案构成等。轮廓照明多应用于被照物体轮廓丰富生动、富于变化的场合,如桥梁(见图7-23)、高速公路、立交桥、历史建筑等。

图7-22　投射照明

图7-23　轮廓照明(桥梁)

3)内透光照明

内透光照明(见图7-24)作为经常用到的照明形式之一,是光源发射的光线经过透光介

图 7-24　内透光照明

质向外投射的照明方式。现代建筑多采用玻璃幕墙,由于玻璃的吸光和透光,若采用外打光的方式,不仅无法照亮建筑物,还会造成大量的光污染。为克服这类问题,一般采用内透光照明的方式,在室内安装灯具,透过玻璃向外透光。常见的内透光照明设计方式有室内灯光反射、光带支架照明、灯光直接向外照明等。

4. 城市景观照明的基本原则

1)安全性原则

安全性原则是城市照明的首要原则,也是城市照明的基本前提。根据照明安全的要求,不同的场合必须达到特定的照度要求,以满足展开各种活动所需要的环境亮度要求。同时,安全性也是城市照明以人为本理念的具体体现,是城市照明的基本原则。

2)整体性原则

整体性原则要求照明不能局限于某一片段和某一细节,而应当注意城市元素之间的有机联系,刻画物体的整体夜景照明效果,整体感好才能创造协调氛围。夜景整体性主要靠共性获得,共性则要求城市景观元素之间相互呼应。

3)具有层次感

层次感是指夜景景观的主景与背景之间具有明晰的关系,层次感主要通过虚实、明暗、轻重等多种手法体现。同时,层次感要求城市景观照明设计考虑物体与环境之间的有机关系,不能使主景孤立于背景之中。

4)突出重点

在保持整体性的同时,城市照明设计应抓住城市的关键性部位进行重点照明,突出重点部位的结构、细部特征等。

5)慎用彩色光

彩色光一般具有强烈的情感特征,可以极度地强化某种情绪,因此,彩色光的使用不仅要考虑被照射物体的性质、形态、功能、历史背景、风格等,还要考虑物体表面的质感和材料,同时还要注意不同色彩的光带给人的不同心理感受等因素。慎用彩色光是城市照明设计的一项重要原则。

6)绿色照明原则

城市照明需要消耗大量电能,随着世界范围节能意识的觉醒,生态设计的思想逐步渗透到社会的各个层面,城市照明也不例外。绿色照明原则在当代已经成为城市照明设计的一项基本原则,主要表现为照明能源的可持续化、节能技术的改进、适度照明、照明时间的间歇式互补等。

5. 城市景观元素的照明方式

1)建筑物照明

建筑物照明(见图 7-25)不能单纯考虑所涉及的单个建筑物的一个或几个面,还要考虑周围其他景物的情况,要考虑建筑本身的造型、结构,进行具体分析,通过虚实、明暗、轻重对比,大面积给光和勾画轮廓等多种手法体现层次感。

2)植物照明

植物照明又叫绿化照明,其照明方法多种多样,其中,下照光照明和上照光照明是绿化照明的两种基本手法。下照光照明是指光线自上而下对植物进行照明,因为其光照模式与自然光环境一致,所以可以增加植物的自然表现力。上照光照明则是指光线从下方照亮植物,这种照明效果似乎更具戏剧性,能够更加清楚地表现植物的质感,如图7-26所示。

图7-25 建筑物照明

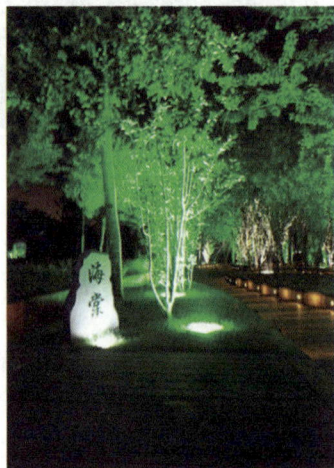

图7-26 植物照明(上照光照明)

3)雕塑与艺术品照明

雕塑与艺术品的照明方式类似植物照明,但雕塑与艺术品的摆放地点灵活,所以它们的照明效果要考虑到对行人的视觉影响,根据它们所处的环境位置而定,如图7-27所示。

4)水体照明

如果水体本身非常洁净、毫无杂质,可以采用水下照明的方式将池水清澈的效果展现出来,但是如果水中有浮游生物或悬浮杂质时,则不宜采用这种照明方式,不然会使水体显得比实际情况更脏。(见图7-28)

图7-27 雕塑照明

图7-28 水体照明

任务 3　城市绿地规划设计

城市景观绿地是城市用地中的一个有机组成部分,它与工业生产、人们生活、城市建筑与道路建设、地上地下管线的布置密切相关。由于城市人口密集,工业生产集中,自然生态平衡系统的结构与技能受到了严重的破坏。为了改善城市环境,应该把城市生态系统中的重要组成部分——绿地放在突出位置。城市绿地是指用以栽植树木花草和布置配套设施,基本由绿色植物所覆盖,并被赋予一定的功能与用途的场地。广义的城市绿地,指城市规划区范围内的各种绿地。狭义的城市绿地,指面积较小、设施较少或没有设施的绿化地段,区别于面积较大、设施较为完善的公园等。城市绿地能够提高城市自然生态质量,有利于环境保护;提高城市生活质量,调试环境心理;增加城市地景的美学效果;增加城市经济效益;有利于城市防灾,净化空气。

一、城市绿地的功能

城市绿地的功能由生态功能和社会经济功能两部分组成。

(一)生态功能

城市绿地作为自然界生物多样性的载体,是城市具有一定自然属性的产物,具有固化太阳能、保持水土、涵养水源、维护城市水循环、调节小气候、缓解温室效应等作用,在城市中承担着重要的生态功能。同时,城市绿地对缓解城市环境污染造成的影响和防灾减灾具有重要作用。

(二)社会经济功能

城市中的各种绿地,大至郊野公园,小至街头绿地,都为人们提供了开展各类户外休闲和交往活动的空间,不但可以促进人与自然融合,还可以增进人与人之间的交往和理解,促进社会和谐。同时,城市绿地还可以构成城市景观的自然部分,并以丰富的形态和季节的变化不断地唤起人们对美好生活的追求,也成为城市中紧张生活的人们的心理调节剂。

二、城市绿地的分类

由于城市绿地既有生态功能,又有社会经济功能,不同研究领域和工作目标下的城市绿地分类是不同的。2002 年,中华人民共和国建设部发布了《城市绿地分类标准》,该分类标准于 2017 年进行了更新,将城市绿地划分为五大类,即公园绿地、防护绿地、广场用地、附属绿地、区域绿地。此标准适用于绿地的规划、设计、建设、管理和统计等研究领域和工作。

公园绿地是指向公众开放,以游憩为主要功能,兼具生态、景观、文教和应急避险等功能,有一定游憩和服务设施的绿地,包括城市中的综合公园、社区公园、专类公园及游园。公园绿地是城市建设用地、城市绿化系统和城市市政公用设施的重要组成部分,是表示城市整体环境水平和居民生活质量的重要指标。

防护绿地是指用地独立,具有卫生、隔离、安全、生态防护功能,游人不宜进入的绿地,主要包括卫生隔离防护绿地、道路及铁路防护绿地、高压走廊防护绿地、公用设施防护绿地等。其功能是对自然灾害和城市公害起到一定的防护或减弱作用,因此不宜兼作公园绿地使用。

广场用地是指以游憩、纪念、集会和避险等功能为主的城市公共活动场地。

附属绿地是指附属于各类城市建设用地(除"绿地"与"广场用地"范围)的绿化用地,主要包括居住用地、公共管理与公共服务设施用地、商业服务业设施用地、工业用地、物流仓储用地、道路与交通设施用地、公用设施用地等用地中的绿地。

区域绿地是指位于城市建设用地之外,具有城乡生态环境及自然资源和文化资源保护、游憩健身、安全防护隔离、物种保护、园林苗木生产等功能的绿地。

其中要强调的是,以下三类不属于城市绿地:屋顶绿化、垂直绿化、阳台绿化和室内绿化;以物质生产为主的林地、耕地、牧草地、果园和竹园等地;城市规划中不列入"绿地"范围的水域。

三、城市绿地指标

城市绿地指标是反映城市绿化建设质量和数量的量化方式,也是对城市绿地规划编制评定和绿化建设质量考核的主要指标,其中人均公园绿地面积、城市绿地率和绿化覆盖率是我国目前规定性的考核指标。人均公园绿地面积是城市绿化的最基本指标,不仅是人均所需自然空间和生物量的指标,也是体现城市社会公平的重要指标。城市绿地率是从城市土地使用控制角度实施和评价城市绿化水平的指标,是编制城市规划的重要指标。城市绿化覆盖率指城市建设用地内被绿化种植物覆盖的水平投影面积与其用地面积的比例,包括屋顶花园、垂直墙面绿化等。

根据《城市绿化规划建设指标的规定》和《城市绿地分类标准》(CJJ/T 85—2017),城市绿地相关指标的计算公式为

人均公园绿地面积(m²/人)＝公园绿地面积(m²)/人口规模(人)

城市绿地率(%)＝城市建成区内绿地面积之和(m²)/城市的用地面积(m²)×100%

城市绿化覆盖率(%)＝城市内全部绿化种植垂直投影面积(m²)/城市的用地面积(m²)×100%

四、城市绿地规划设计的内容、方法及布局形式

城市绿地规划设计的内容,具体来讲,包括绿地结构、绿地分类、布局、指标体系、绿化配置、绿地景观等。

城市绿地规划设计的方法通常包括调查区域生态环境状况和绿地现状,了解当地绿化结构和空间配置、绿地和水系的关系,分析绿地系统的演化趋势及绿地使用现状和问题,进而开展城市绿地规划设计的具体方案。城市绿地规划设计的基本原则包括优化城市空间布局、维护生物多样性、开放空间优先、实现社会公平、保持地方特色等。

城市绿地的空间布局通常有散点布局、线形布局、环状布局、放射形布局和网状布局等形式。为实现城市绿地的生态和社会经济功能，城市绿地规划设计往往综合采用以上布局形式。

五、城市绿地规划设计三要素

（一）以人为本，注重实用

城市绿地作为一种特殊的精神产品，不仅应具有观赏性，而且应具有实用性。一个好的城市绿地设计不仅在形式上应新颖独特，还应能够满足人的切实需求及城市环境的整体和谐。一味地追求城市绿地的景观效果，忽视城市绿地本身的实用性和生态效应，不但环境不能得到有效改善，而且还会浪费大量财力、物力、人力。例如，在公园里大面积种植草坪，夏季烈日炎炎，没有遮阴挡光的地方，游人只能望"园"兴叹。

（二）采用乡土植物，节约绿化

乡土植物是优胜劣汰、适者生存的结果，因此乡土植物具有适应性强、抗逆性强等优良性状，是区域性的宝贵生物资源。选择乡土植物配置城市绿化，成本低，种植和管护技术成熟，能适应立体交叉绿地的粗放型管理，种源丰富，而且具有地域性文化内涵，能突出地方特色。

（三）以乔木为主，把森林引入城市

随着城市文明的进步和人类对物质文化需求的提高，人们对城市质量有了新的要求，不但需要环境美，更追求环境的实用、健康、安全。城市绿地，特别是大片林地，在净化空气、降低噪声、降低辐射等方面的作用非常大。"城市森林"不仅仅是生态系统稳定和持续发展的需要，也是降低养护成本的需要。城市绿地设计在把森林引入城市的同时，应兼顾植物的多样性。

思 考 练 习

1. 简述城市景观规划设计的原则及意义。
2. 城市景观规划设计包括哪些内容？
3. 试述城市绿地规划设计的意义。
4. 简述城市公园的类型。

拓展认知
城乡传统景观保护与更新

教学要求

    灵活运用多种教学方法与教学手段,有目的、有针对性地组织安排实践教学内容。

能力目标

    准确地在设计中表达对风景园林规划中历史景观的保护、恢复、更新的思想。

知识目标

    1.掌握历史景观的基本概念与内涵。

    2.掌握历史景观保护、恢复和更新的关系。

    3.掌握历史景观保护与恢复的意义、现状及面临的问题。

素质目标

    使读者初步具备吃苦耐劳、诚实守信、团队协作、勇于创新等职业素养。

历史景观是在一定历史时期形成的、其主要特征被保留下来的景观,对人类社会的发展有积极的意义。它是地域历史文化的载体,承载着地域历史信息,是地域文明、人类智慧和劳动成果的具体体现;它是延续地域历史文脉、解读地域文化、推进社会文明、构建新的地域景观的重要因素,对继承人类文明和推动社会发展进步有着积极的意义。

现代社会需要对历史景观进行保护,并且在保护的基础上进行景观的恢复和更新工作。如何通过历史景观的保护、恢复与更新,传承和延续地域的历史文脉和人文环境,并与当今时代风格相结合,满足地域的可持续发展需要,是现代园林设计思考的重要问题。

任务 1 　历史景观综述

世界各国有着自己的历史文明,人类在自身的生存和发展过程中创造着历史,历史的持续发展为今天的大地留下了许多有着一定价值的历史景观,这些历史景观体现了人类在改造自然时采用的多样性的建造方式及人类的生存和生活方式,并与自然环境达到一定程度的契合。在人类发展进程中,也不可避免地存在一些有历史人文价值的地域景观由于各种原因被破坏或者消失的现象。对历史文化的需求和对美好自然风景的追求,使我们需要对受损或消失的历史景观有选择地进行恢复。

一、历史景观

历史景观,也称历史性景观,即广义上的历史文化遗产,包括历史遗迹、历史事件等物质或非物质文化遗产的外在物质表现。历史性景观应具备历史文化内涵、审美和使用功能,有再利用价值,可隐含或展现人类劳动成果。

历史景观是人们对于广义的景观遗产的概括性称谓,主要是指历史上遗留下来的,具有一定历史文化内涵,综合了自然因子与人类智慧的景观。这些景观沉淀着人们对于历史文化价值的理解及对世界的看法,景观自身的发展本质上也折射了人类历史的发展,对社会的可持续发展有着积极的意义,如北京天坛(见图8-1)。

由以上可知,历史景观包括三个方面的内容:一是具有一定的历史文

图 8-1 　北京天坛

化内涵,是人类文明发展的产物,有着积极的社会意义;二是它们曾经具有或现在仍然具有一定的审美功能和使用功能,有再利用的价值;三是这些景观由人的劳动而形成和变化发展,代表着人类的劳动成果,区别于原始状态下的纯粹自然景观。

最初,历史景观的内容以历史文物为主,因为历史文物所具有的价值容易被人们所感知和重视。随着社会的发展和对历史景观研究的深入,人们逐渐认识到在所要规划建设的地域中的非历史文物的普通历史遗存景观的价值,并开始以这些普通遗存景观构建历史景观。

二、已泯灭的景观

图8-2　圆明园遗址

在历史的发展过程中,人类建设自己的家园,创造出许多凝聚着人类文明的风景。但由于战争的存在,城市和风景区域中人类智慧所构建的优美景观部分被毁灭,如圆明园(见图8-2),很多富含历史人文精神的景观也没能幸免,甚至有的景观已经消失不再,只存在于文字的描述或残存的画作。

人们对城市缺少科学管理是城市中历史景观数目迅速缩减的另一个重要原因。不当的城市改造及自然灾害,造成土地、山林、水域被破坏。我们把这些在历史上曾经存在但现在已经消失的景观称为已泯灭的景观。

已泯灭的景观曾是构建地域文脉、记载地域历史的重要因素,对当今的时代有着深刻的意义。对于已泯灭的景观主要以恢复工作为主。

任务 2　历史景观保护

在英文中,"preservation"与"conservation"都可以译为"保护",但前者指的是保持原状不变,是一种强制性的保存,相对来说是一个被动的名词。英国学者鲍尔认为,"preservation"是指建筑物或建筑群保持它们原来的样子,不可改变,指的是对特殊建筑物的保存。"conservation"则涵盖风景园林规划中历史景观保护、恢复与更新,范围相对较广,它包含了复原、保存、修复、增建、改建等内容,主要是指对美好的环境予以保护,但在保持原有特点及规模的条件下,可以对建筑物或建筑群做出修改、重建或使其现代化。

"conservation"在主张保存其原有规模与特征的基础上，更强调更新以使之适应并引导现代生活，是一种积极协调社会发展的保护，包含了更新与延续的意思，从整体上表示主动的策略。由此可见，风景园林规划中历史景观的保护应为"conservation"，是一种积极的保护、发展中的保存，是在尊重景观自身发展的同时，维护其历史信息的真实性，同时进行必要的修整以使其和谐地适应现代社会生活所需。我国乐山大佛就受到了这种保护，如图8-3所示。

图 8-3　乐山大佛

任务 3　历史景观恢复

在英文中，"reconstruction""restoration""rehabilitation""reclamation"都有恢复的意思。英国利物浦大学 A. D. Bradshaw 教授认为，"reconstruction"是指根据目前的环境特点，人为地设计一个与环境相适应的景观系统；"restoration"指恢复到原来的状态，包含有未损害和完美状态的意思；"rehabilitation"仅仅指部分恢复；"reclamation"指恢复到一种新的状态，结构或功能都不同于原来。风景园林规划中历史景观的恢复用"reconstruction"来进行译解比较贴切和科学。

历史景观恢复指根据目前的地域环境特点，对地域中曾经有过的、有着一定价值的历史景观进行恢复性规划设计与建设，准确反映景观在某一特定历史时期所曾呈现的状态、特征和特性，传达一定的历史信息和本质内涵，并使之与其目前所在地段的整体环境相协调，与社会发展相呼应。

风景园林规划中，历史景观恢复的概念不是简单地恢复历史景观上曾经的物质形象，而是通过景观规划与设计工作，使景观在一定条件下得以再生，再生的景观应融有历史的精神内涵。对于文物或世界遗产类的历史景观如杜甫草堂(见图8-4)，从文物保护和恢复历史原貌的角度出发，主要采取按历史原状进行恢复的方式。历史景观恢复工作可以延续地域历史文脉,传承地域信息,改善生态环境,促进社会的可持续发展。

图 8-4　杜甫草堂博物馆(茅屋故居)

任务 4　历史景观更新

更新(renewal)是一个动态的概念,是指有机体的新陈代谢,是在科学预见的基础上解决事物发展矛盾的手段。历史景观更新指针对景观的现状,在尊重其情感价值、文化价值、使用价值的前提下,在保证传达其所具有的历史或文化价值的同时,通过修复、替换、增添、部分循环使用等手段,对景观环境、空间进行必要的调整和改变,使景观适应新的审美和使用要求,并融入时代化、多样化的人类生活。

图 8-5　云南丽江古镇

更新措施允许对原景观进行必要的改动和增添新的元素,是有选择地对原有景观进行保存,并通过各种方式提高景观质量的综合性工作,侧重以设计作为主要手段和目标的更新,而不是经济结构、政治结构或社会结构的更新。更新工作可使历史景观焕发生机和活力,也可使景观的历史和所蕴含的文化与文明得以延续和发扬。

历史景观的更新主要针对非文物和非世界遗产类历史景观,如云南丽江古镇的更新(见图 8-5)。这一更新是指有条件地更新,这个条件就是在更新中延续原有的风貌特征,在保护和利用好已有历史景观物质本体的基础上,延续地域的历史文脉、特色和传统,在保持其历史风格的基础上,与时代特点相结合,创作出具有历史内涵的新景观。

任务 5　保护、恢复与更新的关系

景观的保护、恢复和更新三者是相辅相成、有机统一的,它们既有联系又有区别,更多的是联系。

广义的保护包括恢复与更新。保护是恢复与更新的前提和基础,只有在历史景观的原真性和整体性一定程度上得以保存的情况下,才能使历史景观具有足够真实的自然与历史价值,为景观的更新提供支持的理论依据。如果没有相应的景观保护工作,恢复与更新则会成为无源之水、无本之木。因此,历史景观的恢复与更新不能脱离历史景观的保护,只有在保护的前提下才能进行景观的恢复与更新。

历史景观恢复主要针对由于各种原因现已不存在,或仅存局部的历史景观。这些景观可以通过史料查出其曾经的风貌,且它们对于今天的社会发展有着一定的积极意义。

历史景观更新则主要针对地域中仍然存在的景观,它们或已残缺,或周边原有的环境条件已经改变,已无法呈现景观原有的品质,在新的条件下需要对景观本身和周边环境进行重新规划和设计,使景观焕发生机与活力。

恢复与更新工作是统一在一个景观整体之中的,它们互为补充、互相包容、密切关联,共同使历史景观获得新生和再生。科学而谨慎的恢复与更新工作,不但可以确保历史景观的原真性,同时能更好地协调自然与人文的和谐发展,促使历史景观以一种主动的姿态适应、融入并且引导现代生活,为历史景观应对现代社会的发展找到方向。

因此,恢复和更新是使历史景观焕发活力的重要手段。停滞不前、画地为牢的保护只会使历史景观逐步沦为现代社会发展的障碍,对其进行积极而科学的更新,不仅可以协调现存的不合理因素,还可以让古老的景观成为现代社会生活的重要组成部分。

历史景观作为地域历史和地域内在文化的实物见证,比历史记载更为可贵,它是延续地域历史文脉、解读地域文化、推进社会文明、构建地域新景观的积极要素。对历史景观的保护、恢复与更新是对人类劳动的尊重,也是对社会文明的促进。

风景园林规划中,历史景观保护、恢复和更新应互相结合,其中保护是历史景观得以存续的基础,有机地更新是历史景观保持健康与活力的手段,有选择地对已泯灭景观进行恢复则可以使已逝去的地域历史景观得以重现和再生。

任务 6　我国历史景观现状

风景园林规划中的历史景观是地域历史文化的载体,它承载着地域历史信息,是地域文明、人类智慧和劳动成果的具体体现。中国的每一寸土地都经历了历史的跌宕起伏,宝贵的历史景观也在这多次的变更中遭到破坏,一些甚至已泯灭不再。因此,对历史景观进行保护、恢复和更新极其重要。

　　如果以中华人民共和国成立后孙筱祥先生对花港观鱼的规划设计为起点，我国对历史景观的保护、恢复和更新设计实践已经有六十余年，尤其在 20 世纪 90 年代末至 21 世纪初，相关的实践项目明显增多。这些对历史景观的保护、恢复和更新成果，很大一部分取得了成功，但也有的采用狭隘的单纯造景的思路，简单地将富含浓厚文化历史的地域作为普通的城市绿地来进行规划设计，凭着设计师的兴趣爱好增加视觉上的景观点，反而冲淡了原有的历史文化氛围，降低了地域原有的历史文化价值。

　　随着社会经济发展，我国风景园林事业的发展逐年增速，尤其在近年来，随着城市更新和风景园林建设事业的发展，地域历史景观的保护、恢复和更新项目日益增多。但由于当前社会普遍存在对历史景观认识不足的现象，一些地区采取的大拆大建的规划建设和在规划设计中对历史景观的漠视，使得地域历史文化遭到很大破坏。近年来，在社会产业转型过程中，许多工业历史文化遗产被拆除、毁灭，尤其在城市开发和风景旅游区开发建设中这种情况更为突出。这种情况亟待引起政府管理者、规划者和建设者的重视。

　　风景园林规划中，对历史景观的保护、恢复和更新应该充分尊重其历史文化内涵和自然形态等，留住时间记忆，在这个过程中不断总结与借鉴城市保护、恢复和更新设计的成功经验，逐渐完善景观保护、恢复和更新的理论和方法。

思 考 练 习

1. 简述风景园林规划中历史景观的保护、恢复和更新三者之间的关系。
2. 考察一处历史景观，谈谈其在人类文明史上的意义与作用。

案例赏析
园林景观设计方案赏析

教学要求

　　以引导为主，让读者发挥主体作用，积极参与优秀作品的赏析。

能力目标

　　提高对园林景观设计的鉴赏能力及在景观设计中对相关知识的运用能力。

知识目标

　　深入了解世界三大园林体系及优秀的园林景观代表，分析现代园林景观设计的设计要点和表现技法。

素质目标

　　培养读者的艺术修养和专业素质，使其为成为一名优秀的景观设计师做准备。

案例 1 美国现代园林景观赏析

美国风景建筑学起源于英国传统的风景式园林艺术,然而,其诞生伊始就走上了独立发展的道路,较早地成了一门专门学科。1899 年,美国风景建筑师协会(ASLA)正式成立,此后的一个世纪,美国风景园林界人才辈出,美国风景园林在设计和研究领域的深度和广度上都有了极大的发展。时至今日,和建筑学界的百家争鸣有所不同,美国风景园林已经当之无愧地走在了其他国家及地区的前列,引领当代世界的先锋潮流。

一、奥姆斯特德与美国纽约中央公园

弗雷德里克·劳·奥姆斯特德(Frederick Law Olmsted,1822—1903 年)是美国 19 世纪下半叶著名的规划师和景观设计师,他的设计覆盖面极广,从公园、城市规划、土地细分到公共广场、半公共建筑、私人产业等,对美国的城市规划和景观设计具有不可磨灭的影响。奥姆斯特德曾经涉足多个职业,在 1857 年中央公园设计阶段被指定为项目的主要负责人。他被认为是美国景观设计学的奠基人,是美国最重要的公园设计者。2006 年,奥姆斯特德被美国的权威期刊《大西洋月刊》评为影响美国的 100 位人物之一。

美国纽约中央公园(Central Park)是奥姆斯特德的代表作,是美国乃至全世界最著名的城市公园,它的意义不仅在于它是全美第一个并且是最大的公园,还在于在其规划建设过程中,诞生了一个新的学科——景观设计学(landscape architecture)。

中央公园号称“纽约后花园”,坐落在纽约曼哈顿岛的中央。中央公园为全人造的景观,里面设有草地、小树林、湖、庭院、溜冰场、旋转木马、露天剧场、小动物园、网球场、美术馆等。

中央公园里有一个被称为“草莓园”(Strawberry Fields)的公园,它是纪念约翰·勒尼汉的和平公园,在此地可以见到从世界各地移栽来的花卉。中央公园经常可以在电影及电视剧中看见,如电影《爱情故事》。公园四季皆美,春天嫣红嫩绿,夏天阳光璀璨,秋天枫红似火,冬天银白萧索。纽约中央公园鸟瞰图如图 9-1 所示,水景如图 9-2 所示。

图 9-1 纽约中央公园鸟瞰图

图 9-2 纽约中央公园水景

二、劳伦斯·哈普林与伊拉·凯勒水景广场

劳伦斯·哈普林是美国现代景观规划设计的代表人物,是美国最著名的景观设计师之一。1935—1939 年,哈普林就读于康奈尔大学,1939 年获得自然科学博士学位。1941—1942 年,他就读于哈佛大学,并在华德葛培斯、马塞布尔和克里斯多福等人的指导下,获得景观建筑学工程学位。1949—1976 年,哈普林及其合伙人成为旧金山重要的建筑师(1954—1969 年间七次获得美国建筑师协会大奖)。

在设计项目之前,哈普林首先要查看区域的景观,并试图理解形成这片区域的自然过程,然后再通过设计反映出来,如著名的滨海农场住宅开发项目。

由哈普林事务所设计的俄勒冈州波特兰市的伊拉·凯勒水景广场,跌水为折线形错落排列,水瀑层层跌落,最终汇成十分壮观的大瀑布倾泻而下,水声轰鸣,艺术地再现了大自然中的壮丽水景,不失为现代景观设计中的经典之作。伊拉·凯勒水景广场就是波特兰市大会堂前的喷泉广场(Auditorium Forecourt Plaza)。水景广场的平面近似方形,占地约 0.5 hm^2。广场四周为道路环绕,正面向南偏东,正对着第三大街对面的市政厅大楼。除了南侧外,其余三面均有绿地和浓郁的树木环绕。水景广场分为源头广场、跌水瀑布水池及中央平台三个部分。最北、最高的源头广场为平坦、简洁的铺地和水景的源头。铺地标高基本和道路相同。水通过曲折、渐宽的水道流向广场的跌水瀑布部分。跌水为折线形,错落排列。水瀑层层跌落,颇得自然之理。经层层跌水后,流水最终形成十分壮观的大瀑布倾泻而下,落入大水池中。伊拉·凯勒水景广场瀑布景观上部和下部如图 9-3 和图 9-4 所示。该设计非常注重人与环境的融合。跌水部分可供人们嬉水;在跌水池最外侧的大瀑布的池底到堰口做了 1.1 m 高的护栏,同时将堰口宽度做成 0.6 m 以确保人们的安全。大水池中浮于水面的中央平台既是近观大瀑布的最佳位置,又可成为以大瀑布为背景的舞台。

图 9-3　伊拉·凯勒水景广场瀑布景观上部

图 9-4　伊拉·凯勒水景广场瀑布景观下部

三、彼得·沃克与哈佛唐纳喷泉

　　彼得·沃克是当代国际知名景观设计师,极简主义设计代表人物,美国景观设计师协会(ASLA)理事,由美国景观建筑师注册委员会(CLARB)认证的景观设计师,美国城市设计学院成员,美国设计师学院荣誉奖获得者,美国景观设计师协会城市设计与规划奖获得者。他有着丰富的从业和教学经验,一直活跃在景观设计教育领域,1978—1981 年曾担任哈佛大学设计研究生院景观设计系主任。他的景观设计教育著作是与梅拉尼·西蒙合作完成的《看不见的花园:寻找美国景观的现代主义》。彼得·沃克有着超过 50 年的景观设计实践经验,他的每一个项目都融入了丰富的历史与传统知识,顺应时代的需求,施工技术精湛。人们在他的设计中可以看到简洁现代的形式、浓重的古典元素,感受到神秘的氛围和原始的气息,他将艺术与景观设计完美地结合起来并赋予项目以全新的含义。

　　唐纳喷泉是彼得·沃克 1984 年设计的作品。哈佛大学校园内的唐纳喷泉位于一个交叉路口,是一个由 159 块直径约为 18.3 m 的巨石组成的圆形石阵,所有石块镶嵌于草地之中,呈不规则排列。石阵的中央是一座雾喷泉,喷出的水雾弥漫在石头上。喷泉会随着季节和时间而变化,到了冬天则由集中供热系统提供蒸汽,人们在经过或者穿越石阵时,会有强烈的神秘感。圆形石阵跨越了草地和混凝土道路,包围着两棵已有的树木。石身的一部分被埋于地下,石阵就像是慢慢地顺势蔓延到草地中的一样,在绿草间、大树下延伸,自然融合得就像是从环境中自然生长出来的。159 块花岗岩采自 20 世纪初期的农场,用以唤起人们对英格兰拓荒者的记忆。石阵中心设有水池,水池里的石头更加密集,水池中有 32 个喷嘴。春、夏、秋三季,水雾像云一样在石上舞蹈,模糊了石头的边界。白天,阳光的反射令水雾产生彩虹;晚上,水雾在灯光的照射下发出神秘的光。冬天水雾冻结,当喷泉完全静止时,唐纳喷泉就成了白雪优雅表演的舞台。

　　唐纳喷泉充分展示了沃克对于极简主义手法运用的纯熟。巨石阵源自他对英国远古巨石柱阵的研究,同时,质朴的巨石与周围古典建筑风格完全协调,而圆形的布置方式则暗示着石阵与周围环境的联系。与其原型安德鲁的雕塑作品“石之原野”比起来,沃克的这件作品从内容和功能上都已经超越了“石之原野”,唐纳喷泉也因此被看作沃克的一件典型的极简主义园林作品。哈佛唐纳喷泉全景和近景如图 9-5 和图 9-6 所示。

图 9-5 　哈佛唐纳喷泉全景

图 9-6 　哈佛唐纳喷泉近景

案例 2　中国现代园林景观赏析

近两个世纪以来,中国园林景观设计虽然有了长足的进步,但始终未能形成具有中国地域文化特色的现代园林文化。除了社会经济方面的原因之外,另一个重要原因在于片面照搬西方园林景观的内容和手法,而忽视了中国本土自然景观资源和地域文化的特征。

由此可见,中国现代风景园林景观要取得进步,必须对传统园林进行深入研究,提炼中国园林文化的本土特征,抛弃传统园林的历史局限,把握传统观念的现实意义,融入现代生活的环境需求。这是中国现代风景园林景观真正的发展方向。

一、俞孔坚与"红飘带公园"

俞孔坚于 1995 年获哈佛大学设计学博士学位,为我国全国风景园林专业学位研究生教育指导委员会委员,他创办了北京大学景观设计学研究院,并在北京大学创办了景观设计学和风景园林职业两个硕士学位点。1998 年,他创办国家甲级规划设计单位——北京土人景观与建筑规划设计研究院,该设计研究院目前已是国际知名设计院。

经俞孔坚设计的秦皇岛汤河公园从设计到实施,历时一年,2006 年 7 月完成,用最少的人工和投入,将一条脏、乱、差的河流廊道,改造成一处魅力无穷的城市休憩地,一幅幅和谐真实的画面生动地在这一公园生态场景中展开。设计最大限度地保留原有河流生态廊道的绿色基底,并引入一条玻璃钢材料、长达 500 m 的红色"飘带",它整合了步道、座椅、环境解释系统、乡土植物展示、灯光等多种功能和设施,使这一昔日令路人掩鼻绕道、有安全隐患、可达性极差的城郊荒地和垃圾场,变成令人流连忘返的城市游憩地和生态绿廊。汤河公园也被当地人们称为"红飘带公园"。秦皇岛汤河公园改造前后对比如图 9-7 所示,改造后景观如图 9-8 和图 9-9 所示。

图 9-7　秦皇岛汤河公园改造前后对比

图 9-8　秦皇岛汤河公园改造后局部图

图 9-9　秦皇岛汤河公园改造后整体效果图

二、现代城市景观设计案例赏析

案例鸟瞰效果如图 9-10 所示,夜景如图 9-11 所示。

整体特征:广场结合地域文化进行设计,局部下沉是结合商业的需要,同时可以创造良好的空间层次;地面铺装具有交通引导作用。

下沉广场：下沉广场水景让凝固的空间具有动势，同时有降噪的作用。

花架区域：花架具有良好的休闲功能，红色背景墙具有障景、分隔空间的作用。

花架区域设计效果如图 9-12 所示。透视设计效果如图 9-13 所示。

图 9-10　鸟瞰效果图（作者：胡勇）

图 9-11　夜景鸟瞰效果图（作者：胡勇）

图 9-12　花架区域设计效果图（作者：胡勇）

图 9-13　透视设计效果图（作者：胡勇）

案例3　不同表现技法的园林景观赏析

一、水彩技法

运用水彩技法表现的园林景观作品总能给人一种水色淋漓、润泽透明、流畅爽朗的感觉。

景观水彩技法表现作品如图 9-14 至图 9-17 所示。

二、水溶性彩铅技法

水溶性彩色铅笔是园林景观表现中常用的工具，技法比较容易掌握，表现出来的作品色彩丰富、清新明快。

景观水溶性彩铅技法表现如图 9-18 所示。

图 9-14　景观水彩技法表现（作者：华宜玉）

图 9-15　《城市景观》水彩（作者：陆铎生）

图 9-16　《白皮松》水彩（作者：田宇高）

图 9-17　《青岛教堂》钢笔淡彩（作者：高文漪）

三、马克笔技法

马克笔技法是园林景观设计中最常见、最受欢迎的一种表现技法，它的特点是速度快，视觉冲击力强。

马克笔技法表现作品如图 9-19 至图 9-21 所示。

四、计算机辅助技法

计算机辅助技法是指应用计算机软件来表达设计师的设计理念，它的特点是设计精准、效率较高、操作便捷、真实感强,还可以大量复制。不足之处是在进行某些方面表现时,容易给人呆板、冰冷、缺少生气的感觉。

计算机辅助技法表现的作品如图 9-22 至图 9-30 所示。

图 9-18　景观水溶性彩铅技法表现
（作者:陆奕兆）

图 9-19　都市新津县兴义镇洋马河绿道景观
方案设计（作者:顾正云）

图 9-20　金堂县五凤镇景观半边街景观
概念方案设计 1（作者:顾正云）

图 9-21　金堂县五凤镇景观半边街景观
概念方案设计 2（作者:顾正云）

图 9-22　别墅区园林景观效果图

图 9-23　小区园林景观规划图 1
（学生作业,作者:古俊霖）

图 9-24　小区园林景观规划图 2
（学生作业，作者：薛景元）

图 9-25　小区园林景观规划图 3
（学生作业，作者：赵婷）

小叶女贞方形修剪
小叶梧桐
时令花卉盆栽
黄桂花植株
落叶红枫

紫红小叶女贞球

八角金盘
小叶黄杨

长青小叶女贞球

植被说明

1	小叶女贞方形修剪	45株
2	时令花卉盆栽	325盆
3	八角金盘	75株
4	落叶红枫	8株
5	黄桂花植株	6株
6	小叶梧桐	5株
7	小叶黄杨	8株
8	紫红小叶女贞球	28株
9	长青小叶女贞球	32株

图 9-26　成都 33 中校园景观规划图（作者：温海峰）

图 9-27　成都金堂花园景观规划图 1(作者:温海峰)

图 9-28　成都金堂花园景观规划图 2(作者:温海峰)

图 9-29　成都大邑县丹凤乡福利养老院
景观规划图(作者:温海峰)

图 9-30　成都大邑县丹凤乡医院
景观规划图(作者:温海峰)

思 考 练 习

1.完成一个关于风景园林之父奥姆斯特德的生平、学术贡献、作品的 PPT 格式汇报文稿。

2.收集整理一套优秀园林景观设计作品集,并结合所学知识对每件作品进行赏析。

参考文献
References

[1] 周维权.中国古典园林史[M].北京:清华大学出版社,1999.

[2] 楼庆西.中国园林[M].北京:五洲传播出版社,2003.

[3] 陈植.中国造园史[M].北京:中国建筑工业出版社,2006.

[4] 汪菊渊.中国古代园林史[M].北京:中国建筑工业出版社,2006.

[5] 章采烈.中国园林艺术通论[M].上海:上海科学技术出版社,2004.

[6] 俞孔坚.景观:文化、生态与感知[M].北京:科学出版社,1998.

[7] 刘滨谊.风景景观工程体系化[M].北京:中国建筑工业出版社,1990.

[8] 王晓俊.风景园林设计[M].南京:江苏科学技术出版社,1993.

[9] 郑宏.环境景观设计[M].北京:中国建筑工业出版社,1999.

[10] 余树勋.园林美与园林艺术[M].北京:科学出版社,1987.